육군 3 사관학교
최종합격
면접으로 뒤집기

김장흠

박영사

PREFACE

　육군3사관학교 편입학을 준비하는 수험생들이 겪는 애로사항 중 가장 큰 것은 최종합격을 위한 전략과 정보의 제약이다. 필기시험과 면접, 체력검정에 대한 정보를 알아내기 쉽지 않기 때문이다. 본 교재의 집필 목적은 수험생들에게 최대한 많은 정보를 취합하여 제공하고 합리적으로 해석하여 수험생들이 불필요한 정보탐색 시간을 줄이면서 전략적으로 준비할 수 있도록 보조하는 데에 있다.

　육군3사관학교 최종합격을 위해 수험생에게 당부하고 싶은 사항으로는,

　첫째, 자신감을 가지고 토익(TOEIC)에 도전하라. 초·중·고 시절에 기초영어 능력이 부족하다 할지라도 포기하지 말고 기초부터 시작하기 바란다. 학습방법은 개인차가 있으므로 수험생에게 가장 효과적인 방법으로 준비하는 것이 좋다. 육군3사관학교 시험 전 실전경험을 축적하기 위해 최소 월 1회 토익 시험에 응시하여 부족한 부분을 보완해야 한다.

　둘째, 간부선발도구(지적능력)를 소홀히 해서는 안 된다. 지적능력평가는 언어능력, 자료해석, 공간능력, 지각속도를 말하며 실전문제, 예상문제풀이 오답노트를 정리하면서 집중적이고 반복적으로 공부해야 한다.

　셋째, 체력검정을 만점 받아라. 체력검정은 1.5km(여자는 1.2km)달리기, 윗몸일으키기, 팔굽혀펴기 세 종목을 측정한다. 근력운동과 심폐기능을 강화할 수 있도록 꾸준히 훈련하는 것이 중요하며 이는 수험생별로 격차가 많이 발생하는 분야이기도 하다.

넷째, 면접에서 최상의 점수를 획득해야 한다. 면접시험은 1시험장 인성/심리검사 → 2시험장 외적 자세, 태도 → 3시험장 개인자질, 적성, 지원동기, 집단토의 → 4시험장 종합판정으로 이루어진다. 면접시험의 특성상 정답은 없다. 본 교재의 답변을 무조건 암기해서는 안 된다. 암기식 면접준비 지원자는 좋은 점수를 받을 수 없다. 본인의 생각을 간단하게 정리하는 것이 필요하다. 능동적으로 학습하고, 협동하는 자세를 가져야 한다. 교재에 소개된 내용을 기초로 개념을 숙지하고 육군3사관학교를 준비하는 친구들과 적극적으로 협업하기 바란다. 협업하는 과정에서 기간을 절약하고, 친구의 답변을 참조하여 시너지 효과를 낼 수 있을 것이다. 반드시 머리로 이해하는 것에 그치지 말고 실제로 말을 해 보고 동영상으로도 촬영해 시선처리, 얼굴표정, 바른 자세, 억양, 답변 등을 점검하기 바란다.

필자는 육군3사관학교를 졸업하고 대덕대학교 교수 및 3사커리어 개발센터장을 겸직하면서 300여 명을 육군3사관학교에 입학시킨 바 있다. 학문의 길을 걸으면서 우수한 자원을 모교에 합격시켰다는 큰 자긍심을 가지고 있다. 육군3사관학교를 사랑하기에 지원하는 학생들에게 도움이 되길 바라는 마음으로 집필에 임하였다. 이 책을 읽는 모든 수험생의 건승을 기원한다.

2021년 6월
저자 김장흠

CONTENTS

PART
04 부록

INTRO

젊음을 투자할 수 있는 최고의 기회!

4차 산업혁명의 시대, 젊은이들은 취업난 때문에 꿈을 잃고 현실에서 더 나은 직장에 들어가기 위해 대학에서부터 취업 준비를 한다고 합니다. 그러나 언제부터인가 우리 사회는 더 나은 대의와 용기, 지성과 모험에 대한 가치를 잃어버린 것 아닌가 하는 우려를 지울 수 없습니다. 그러나 나라와 지역 사회, 그리고 인류에 헌신할 수 있는 최고의 직업으로 장교는 여전히 촉망 받고 있습니다. 비단 자기 자신이 일신의 안위만 챙기는 것보다는, 나와 지역 사회, 나아가 나라를 위해 봉사하고 헌신하는 엘리트 리더로 성장하고자 하는 젊은이들을 기다리는 곳이 바로 육군3사관학교입니다.

육군3사관학교는 대학 3학년 편입 사관학교로 장차 軍을 이끌어 나갈 지성과 지도력을 갖춘 훌륭한 인재를 양성하는 특수목적대학으로 대학에서 1, 2학년 생활 후 육군3사관학교에 3학년으로 편입하여 사관생도 2년을 교육하는 세계유일의 편입학 사관학교입니다. 면접은 다양한 시사상식과 더불어 평소 자신만의 뚜렷한 가치관과 군인으로서의 국가관을 가지고 있는 사람만이 면접관에게 발탁되어 사관학교에 입학할 권리를 얻습니다. 이에 필자는 대덕대학교에서 3사커리어개발센터장을 지낸 경험과 선배로부터 들은 이야기, 인터넷 커뮤니티 등을 통해 알음알음 소개되어오던 면접 지식, 중구난방으로 퍼져 있어 체계화되지 못한 면접 노하우 등을 정리해야 할 필요성을 느끼면서 본 책자를 집필하게 되었습니다.

이 책, 『육군3사관학교 최종합격: 면접으로 뒤집기』는 실제 사관학교 입학의 핵심이 되는 면접 기술에 초점을 맞추어 기술된 책입니다. 자기소개서 작성부터 매년 출제되는 토론 주제의 경향과 최신 시사상식에 기반한 집단토론 과제들을 차례로 수록함으로써 수험생이 면접 시 맞닥뜨릴 수 있는 다양한 상황에 대하여 서술하고 있습니다. 특히 육군3사관학교 응시생이 갖춰야 할 조건과 기본 소양을 상세히 기술함으로써, 이 책이 면접 및 수험 대비서로서 가치가 있도록 구성하였습니다.

마지막 장에는 지난해 합격한 선배들의 합격수기를 통해 현장에서의 분위기를 미리 탐색해 봄으로써 어떤 시나리오로 면접이 진행되는지를 미리 예상할 수 있게 했습니다. 코로나로 인해 시국이 어수선하지만 올해도 도전과 열정으로 가득 찬 지원자들의 눈빛이 눈앞에 선합니다. 모쪼록 이 책이 육군3사관학교 수험생들의 실제 면접에 큰 도움이 되기를 간절히 기원합니다.

PART

01

육군3사관학교 요람

PART 01 육군3사관학교 요람

1 육군 비전의 변화

'가치 기반의 전사공동체'는 육군비전 2030을 달성하기 위해 내건 슬로건이다. 모든 구성원이 공통의 가치를 기반으로 단단하게 결집할 때 '하나의 육군'을 이뤄 흔들림 없이 목표를 향해 나아갈 수 있다는 뜻을 담고 있다. 육군이 17년 만에 핵심가치를 재정립한 이유가 여기에 있다. 육군3사관학교에 지원하는 사람이라면 이 점을 반드시 알고 있어야 한다.

1) 육군의 핵심가치

육군이 지난해 17년 만에 새롭게 정립한 3대 핵심가치는 '위국헌신·책임완수·상호존중'이다. 핵심가치란 '전 구성원이 참된 군인이자 민주시민으로서 어떠한 상황에도 옳고 그름을 판단할 수 있도록 하는 사고와 행동의 기준'이라고 정의할 수 있다. 즉, 육군을 구성하는 모든 사람이 핵심가치를 기반으로 서로를 존중하고, 맡은 바 책임을 다하며, 국가와 국민을 위해 헌신할 때 비로소 '하나의 육군One Army'을 이룰 수 있다는 것이다. 육군3사관학교에 지원하는 사람은 이 점을 반드시 숙지하고 있어야 한다.

2) 핵심가치 재정립 배경과 과정

이러한 육군의 핵심가치는 이번에 처음으로 만들어진 것이 아니다. 육군은 2002년 이미 '충성·용기·책임·존중·창의'라는 '육군 5대 가치관'을 선정하고 신념화·행동화에 힘써왔다. 이런 핵심가치를 재정립하게 된 것은 육군의 구성원인 장병들의 변화가 감지됐기 때문이다. 육군을 구성하는 대다수 젊은 장병들의 의식과 가치관이 사회·문화의 급속한 변화에 따라 과거와 달라지면서 기존의 5대 가치관이 장병들의 이성적, 정서적 요구를 더 이상 충족시키기 어려운 표방가치에 머무르게 됐던 것이다. 이에 육군은 첨단과학기술군으로의 도약적 변혁을 추진하고 있는 시점에서 전 구성원을 하나의 전사공동체로 결집하고, 사회와 육군의 변화를 반영할 수 있는 새로운 핵심가치를 재정립하게 됐다.

육군은 2018년 2월 '장병가치문화연구센터'를 창설하고 약 1년에 걸쳐 깊이 있는 연구를 진행했다. 총 15만6,000여 명의 육군 장병들을 대상으로 두 차례에 걸쳐 대대적인 설문조사도 시행했다. 용사부터 장군에 이르기까지 육군 전 구성원의 의견을 핵심가치에 반영하기 위해서였다. 기존 육군의 5대 가치관을 포괄하는 동시에, 시대 변화에 맞는 새로운 핵심가치를 구상하는 데도 많은 고민이 필요했다.

이에 따라 육군의 가치·문화를 주제로 토의, 세미나, 전문가 자문, 3성 장군회의 등을 통해 아이디어를 수렴하고 공감대를 형성하고자 노력했다. 이러한 각고의 노력 끝에 기존 육군 5대 가치관이 장병들의 믿음과 욕구에 조응(照應)하지 못하고 있음을 확신한 육군은 신분과 계급을 넘어 전 장병이 공감하고, 구성원 간의 신뢰를 촉진해 하나로 만들 수 있는 새로운 3대 핵심가치를 정립하게 된다.

3) 핵심가치 재정립 고려 요소

육군은 핵심가치를 재정립하기 위해 다음과 같은 3가지 측면을 중점적으로 고려했다.

첫째, 조직의 가치를 설정할 때 반드시 고려해야 할 요소인 군의 존재 목적과 정체성, 역할이다. 즉, 헌법과 법령에 명시된 '국가의 안전보장과 국토방위'라는 육군의 사명과 임무를 완수해야 한다는 특수성을 반영하고자 노력했다.

둘째, 군과 사회의 관계다. 육군 장병들은 대한민국의 사회 구성원으로서, 일정 기간 육군에 소속됐다가 다시 사회로 돌아간다. 따라서 육군은 핵심가치 속에 사회의 저변에 흐르는 자유민주주의의 보편적 가치를 담아내 '공유가치'로 승화될 수 있도록 했다.

셋째는 기술(記述)적 측면이다. 아무리 좋은 핵심가치라도 전달력이 없다면 빛 좋은 개살구에 불과하다. 따라서 육군은 핵심가치의 내용이 구성원들에게 효과적으로 전달되고, 실천으로 이어질 수 있도록 만드는 부분에도 심혈을 기울이고 있다.

2 육군3사관학교는 어떤 곳인가?

이러한 육군의 비전을 담은 육군3사관학교는 신라 화랑의 발원지이며, 호국의 성지인 경북 영천에 위치하고 있다. 1968년 개교 이후 현재까지 약 15만 7천여 명의 장교를 배출한 육군3사관학교는 재학생 및 해외유학생이 지원가능하고 편입하는 세계유일의 사관학교로서 대한민국 최대의 장교양성 기관으로 자리매김했다.

오늘날 사회는 4차 산업혁명으로 모든 분야에서 급격한 변화를 추구하고 있다. 육군은 혁신 필요성을 절감, 도약적 변혁을 추진하는 중이다. 4차 산업혁명은 사회, 교육환경을 급격히 바꾸고 있고, 학교 교육에도 큰 영향을 주고 있는 상황이다. 특히 우수인재 선발, 생도 교육체계 발전, 첨단 교육환경 구축 등 다양한 측면에서 새로운 변화와 도전을 요구하고 있다. 이에 육군3사관학교는 미래지향적 역량을 갖춘 우수한 인재를 선발하는 것을 최우선 목표로 삼고 있다.

이에 비교 우위의 역량을 갖춘 우수인재 선발을 위해 입시제도를 개선하고 학위 교육의 새로운 변화를 시도했다. 확고한 국가관을 정립한 가운데 정의롭게 행동하고, 창의적으로 논리적 사고로 일하는 정예 장교를 배출하는 것을 목표로 삼고 있다.

육군3사관학교의 특징은 생도과정 2년간 교육비 전액을 국비로 지원한다는 점이다. 예나 지금이나 이러한 국비 지원을 통해 국가에 헌신하는 미래형 인재를 배출하고 있다는 점이 가장 큰 특징이다. 이는 곧 자유민주주의 정신에 입각한 국가관을 갖춘 인재, 장교로서 사명감과 투철한 직업윤리관을 가진 인재, 군사전문지식을 갖추고 이를 활용할 줄 아는 인재를 만드는 데 초점이 맞춰져 있다.

1) 최고의 전공 교수 포진, 다양한 교육 인프라 갖춰

현재 육군3사관학교는 최고의 교수진과 최상의 교육, 문화시설을 보유하고 있다. 석, 박사 전공교수 등 세계 3대 인명사전에 등재된 최고의 교수진들이 포진되어 있다. 또한 423만 평에 달하는 세계 최고의 훈련장을 보유하고 있으며, 최첨단 디지털 강의실과 도서관 등 최적의 교육 인프라를 갖추고 있기도 하다.

육군3사관학교를 졸업한 학생들은 졸업과 동시에 병역과 취업, 학위를 동시에 해결하는 특전을 누리게 된다. 임관 이후 70~80%가 장기복무를 통해 고위 간부로 진출하며, 임관과 동시에 공무원 7급에 해당하는 자격으로 100% 취업된다. 특히 20년 이상 근속 시에는 평생연금 혜택을 받을 수 있다. 비단 공무원으로 남는 진로를 선택하는 것뿐만 아니라, 의무복무 기간(6년) 후에는 진로 변경을 선택할 경우 교수 등 전문인력으로 진출하는 경우도 많다. 현재 학교 출신 장군만 약 170여 명을 배출했으며 200여 명의 무공 수훈자를 다수 보유하고 있기도 하다.

육군3사관학교는 일반학사와 군사학사 등 2개 학사학위를 수여하는 특수목적의 국립대학이다. 육군3사관학교 이수를 통해 국내외 석박사 과정(민간, 국방대)에 국비 위탁교육을 받을 수 있는 기회도 주어진다. 이수 이후에는 군 교수와 연구원, 우방국 무관근무 등 다양한 분야로도 진출 가능하다. 대학생활과 사관학교 경험을 통해 군내에서 최고의 리더십을 발휘하며, 지덕체를 겸비한 장교로 성장해나갈 수 있는 길이 열리게 되는 셈이다.

그리고 월등한 전투지휘능력을 구비하고 교육훈련지도 능력, 나아가 리더십을 갖춘 군사전문가를 양성한다. 전체 교육 커리큘럼의 목표는 첫째, 투철한 군인정신과 올바른 인성, 품성을 구비한 인재 둘째, 강인한 체력을 연마하고 기본전투기술을 배양하는 데에 있다. 또한 소부대 전투 지휘 및 교육훈련지도 능력을 구비할 수 있으며 탁월한 리더십을 갖춘 임무형 지휘능력을 배양하게 된다.

(1) 과정별 교육 - 충성훈련

충성 기초 훈련은 기초군사지식을 숙지하고 기본 전투기술을 이해하며 가치관을 정립, 군인정신을 함양하는 것을 목표로 한다. 기본자세 확립을 통해 군인으로 만들어지는 과정이다. 군인의 기본 자세인 기초군사지식을 숙지하는 한편, 기본 전투기술을 이해함으로써 가치관을 정립하고 군인정신을 함양해 나간다.

입교 후 약 5주간에 걸쳐서 진행되는 기초 훈련에서 가입교 생도들은 제식훈련 등을 통해 군 기본자세를 숙달하며, 사격 및 행군을 통해 기본 전투기술을 습득, 육군가치관과 군대예절을 배우며 군인으로서의 행동윤리와 가치관을 이해하게 된다. 이때부터 명예심에 입각한 사고를 하도록 훈련 받는다. 기초 훈련의 목표는 기초군사지식을 숙지하고 기본 전투기술을 이해하는 한편, 가치관을 정립하고 군인정신을 키우는 데 있다.

(2) 과정별 교육 – 충성하계 군사훈련

기본 전투기술을 숙달하는 한편, 중소대전투지휘 능력을 키우는 데 초점이 맞춰져 있다. 이 과정에서는 분대전투지휘능력과 지도능력을 완비할 수 있고, 나아가 소부대 편제화기 및 장비 조작능력을 구비할 수 있다. 유격훈련 및 임관종합평가 자격인증을 받는 시기이기도 하다. 매년 7~8월에 7~8주간 실시되는 하계 군사훈련은 야전 병영생활 체험, 해외, 국내 전사적지탐방 등을 실시하며 기초전투기술을 습득하고 소대전투지휘능력을 구비하며 국가관과 안보관을 확립하는 과정이다.

(3) 과정별 교육 – 충성동계 군사훈련

분대전투지휘능력을 배양하는 시기이다. 분대전투의 특징을 이해하고, 행동화를 숙달하는 과정으로 보면 된다. 이때에는 지휘통제 능력이 완성되는 시기이다. 분대 편제화기 및 장비 조작능력을 구비하고 장교로서의 기본 소양 구비와 더불어 리더십을 배양할 수 있는 시기이기도 하다. 또한 리더십과 인성교육이 병행된다.

매년 동계휴가 후 1~2월에 4~5주간 실시되는데 이때에는 전술학, 전투기술학, 일반학 훈련을 통해 기초전투기술과 분대지휘능력을 숙달하는 한편, 합동성 안보견학, 집중인성교육을 통해 안보관과 국가관을 확립하게 된다. 4학년은 임관 전 집중교육을 통해 초급장교로서 임무수행에 필요한 직무지식을 습득하고 초빙교육을 통해 야전 실상을 간접 체험하는 과정을 거친다.

개인화기 사격

화생방

각개전투

전술행군

제식훈련

지휘훈육

2) 육군3사관학교 생도 모집의 특징

　육군3사관학교 생도 모집은 정시생도와 예비생도로 구분하여 매년 모집을 실시한다. 정시생도는 대학입시의 정시모집 개념이며 4년제 대학교의 2학년 이상 수료자 또는 수료 예정자, 2년제 대학교 졸업자 또는 졸업예정자를 대상으로 모집한다. 예비생도는 내학입시의 수시모집 개념으로 우수한 인재를 사전 획득할 목적으로 4년제 대학 1학년 재학 중인 자, 2년제 대학 1학년 재학 중인 자 또는 3년제 대학 2학년 재학 중인 자를 대상으로 모집한다. 세부적인 사항은 아래 모집요강을 참조하기 바란다.

* 정시생도 모집요강은 매년 2~3월경 유사하게 공고하고 있다. 필자는 2022년도 입교 59기 모집요강을 적용하여 수험생 여러분에게 정보를 제공하니 참조하여 편입학 준비에 진력하기 바랍니다.

정시생도 모집 요강

□ **모집인원**: 550명(남자 495명, 여자 55명)
　* 예비생도 기선발된 110명 포함
□ **입교연도**: 2022년도 3학년으로 입교
□ **수업연한**: 2년(대학 3~4학년 과정)
□ **지원자격**
　○ 1997. 3. 1~2003. 2. 28(19~25세) 사이 출생한 대한민국 국적을 가진 미혼 남·여
　○ 4년제 대학교 2학년 이상 수료자 또는 2022년 2월 2학년 수료 예정자로 수료일 기준 재학 중인 대학의 2학년 수료학점을 취득한 자(대학 3·4학년 재학생과 졸업자도 지원 가능)
　○ 2년제 대학교 졸업자 또는 2022년 2월 졸업예정자(3년제 대학교 3년 졸업/졸업 예정자)
　○ 학점은행제는 전문학사(80학점) 취득자, 학사학위 취득 신청자 중 전문학사 이상 학위 취득자 또는 2022년 2월 전문학사 이상 취득 예정자
　○ 해외대학교 2, 3, 4학년에 재학 중이거나 졸업한 유학생
　○ 위와 동등 이상의 학력이 있다고 교육부장관이 인정한 자
　○ 군인사법 제10조에 의거 장교 임관 자격상 결격사유가 없는 자
　○ 자격을 갖춘 자 중 현재 복무중인 현역병 및 부사관 지원 가능
　　－육군 현역병 / 부사관은 해당부대 "대대장급 지휘관"의 추천을 받은 자(타군의 경우 해당 군 "참모총장"의 추천을 받은 자)

□ 모집일정

구분	지원서 접수	1차 선발발표	2차 필기시험	2차 선발발표	3차 선발시험	최종발표
일정	4. 26(월)~ 5. 31(월)	6. 18(금)	7. 3(토)	7. 16(금)	8. 3(화)~ 8. 27(금)	10. 29(금)
비고	·	서류전형	필기시험	·	면접, 체력, 신체검사 등	·

□ 지원서 접수 기간 / 방법

기간	2021. 4. 26(월) 00:00~5. 31(월) 24:00
방법	인터넷 접수(www.univapply.co.kr) ① 육군3사관학교 홈페이지 접속 → ② 지원서접수 배너 click → ③ 회원가입 및 로그인(스마트폰 이용 가능) → ④ 지원서 작성 (PC 이용) → ⑤ 입력사항 확인 → ⑥ 수수료 결제(카드결제, 계좌이체 가능) → ⑦ 수험표, 지원서, 인터넷 접수증 출력 → ⑧ 구비서류 3사교 등기 우송

□ 지원시 구비서류(인터넷 접수 후 등기우편으로 제출할 서류)

구분		부수	비고
공통 (필수)	인터넷 접수증	1부	• 인터넷에서 출력 후 서류봉투 겉표지에 부착
	육군3사관학교 지원서	1부	• 원서접수홈페이지에서 출력 (www.univapply.co.kr)
	대학성적 증명서	1부	• 2학년: 1학년 성적만 제출 • 3(4)학년 재학생은 2(3)학년 성적까지 제출 • 졸업생은 전 학년 성적 제출 • 외국대학 졸업(수료)자는 해당국 주재대사관 공인인증 받은 후 제출
	고등학교 생활기록부 (내신 성적 포함)	1부	• 모든 수험생 제출, 검정고시 출신자 성적 증명서 제출 • 외국고교 졸업/성적증명서는 해당국 주재대사관 공인인증 받은 후 제출

해당자	대학수능능력 평가 성적	1부	• 고교내신성적을 적용할 인원은 미제출
	해당부대 대대장급 지휘관 추천서	1부	• 육군 현역병/부사관 복무 지원자만 해당 (타군의 경우 해당 군 "참모총장"의 추 천서)
	가산점 적용대상 서류	1부	• 가산점 적용 대상자만 해당(자격증 사본 가능) • 가산점 적용 내용(22~23p 참조)

□ 원서접수 간 유의사항
  ○ 사진입력: 최근 6개월 이내 촬영한 증명사진(3.5cm×4.5cm)을 업
    로드
    ※ 두 귀와 눈썹이 보여야 합니다. 얼굴길이는 2.5~3.5cm가 되도
      록 하며, 이때 포토샵을 이용한 사진조작, 모자 착용은 안 되니
      유의 바랍니다.
  ○ 수험표는 출력하여 1·2·3차 시험 간 반드시 지참
  ○ 개명, 주민등록번호 변경 시 주민등록등본에 기재된 내용과 일치
  ○ 2차 시험 장소: 전국 7개 고사장 지역 중 본인이 가능한 지역 선택
  ○ 수수료 결제 및 접수 완료 후에는 입력사항 변경 불가
  ○ 서류발송 시 도착 기한 준수: 2021. 6. 1(화) 우체국 소인 도장 날
    인까지 접수

1차 선발시험(서류전형)

□ 선발기준
  ○ 전형방법: 서류전형(대학성적+대학수학능력평가 성적 또는 고교
    내신성적)
  ○ 배점기준(100점)
    ※ 대학수학능력평가 성적 제출자: 대학성적+대학수학능력평가 성
      적 적용

구분	계	대학성적	대학수학능력평가			
			소계	국어	영어	수학
배점	100점	40점	60점	30점	30점	·
					·	30점

□ 성적 산정기준

○ 대학성적(40점)

－2·4년제 대학교 2학년 재학생은 1학년 2학기 성적까지 적용

※ 3년제 대학교 재학생은 2학년 2학기 성적까지 적용

－2년제 대학교 졸업자 및 4년제 대학교 2학년 이상 수료자는 대학에서 취득한 전학년 성적을 적용하고, 편입생은 편입 前 대학성적과 現 대학성적 모두 적용

－외국학교 등 기타 대학성적은 교육부 평가기준에 의거 적용

○ 고등학교 내신성적(60점)

－적용과목: 3과목(국어, 영어, 수학)

○ 대학수학능력평가 성적(60점)

－적용과목: 국어 필수, 영어 또는 수학 중 택 1

※가산점 적용: 1차 선발 시 최고 9점까지 부여

－외국어(영어, 일어, 중국어, 프랑스어, 스페인어, 아랍어, 베트남어, 독일어, 러시아어) 우수자, 전산(PCT, 컴퓨터활용능력, 워드프로세스) 자격증 소지자,

○ 무도(태권도, 유도, 검도) 유단자

－적용기준

항목	점수	적용기준					
	·	TOEIC－S	TEPS－S	OPIC	TOEIC	TEPS	TOEFL
영어	5점	80점	41점	IL	500점	401점	52점
	6점	110점	51점	IM1	630점	501점	70점
	7점	120점	61점	1M2	730점	601점	85점
	8점	130점	71점	IM3	710점	701점	94점
	9점	160점	81점	IH	880점	801점	103점

·		일본어		중국어	프랑스어/ 스페인어	아랍어/ 베트남어	독일어	러시아어
제2 외국어	·	JPT	JLPT	신HSK	DELF	FLEX	ZD	TORFL
	5점	500점	N4	3급	A1	3B	A1	기초단계
	6점	550점	N3	4급	A2	3A	A2	기본단계
	7점	600점	N2	5급	B1	2C	B1	1단계
	8점	650점	N1	6급	B2	2B	B2	2단계
전산 (PCT)	·	PCT			컴퓨터활용능력		워드프로세스	
	1점	550점 이상			2급		1급	
	2점	650점 이상			1급		·	
	3점	800점 이상			·		·	
무도	1점	3단(태권도, 유도, 검도)						
	2점	4단 이상(태권도, 유도, 검도)						

□ **선발방법**: 대학성적＋고교내신성적 또는 대학성적＋대학수학능력평가
성적 순으로 선발

□ **1차 선발시험 합격자 발표**
  ○ 일자: 2021. 6. 18(금) 08:00
  ○ 선발인원(모집정원 기준): 남자(3배수), 여자(6배수)
  ○ 방법: 핸드폰 문자메시지, 인트라넷/인터넷(학교 홈페이지)

2차 선발시험(선발고사)

□ **선발기준**
  ○ 전형방법: 선발고사[영어, 간부선발도구(지적능력)]
  ○ 시험일/장소: 2021. 7. 3(토)/전국 7개 고사장

서울	경기, 인천	강원, 춘천	충천, 대전	전라, 광주	경북, 대구	경남, 부산
장소는 추후 인터넷 공지						

－시험장소(학교)는 원서접수 시 시험장 선택, 지원서 접수완료 후 변경 불가

※ 지역별 학교 사정에 따라 시험 장소가 변경될 수 있음

○ 대상: 1차 선발시험 합격자 전원

○ 시험과목/배점

구분	계	영어	간부선발도구(지적능력)				
			소계	언어 능력	자료 해석	공간 능력	지각 속도
점수	200점	100점	100점	38점	38점	12점	12점

－영어시험은 모의토익(Reading 100문제) 평가

★ Listening 제외

－간부선발도구는 지적능력 평가만 실시(자질·상황판단능력 평가 제외)

(출제유형: 육군3사관학교 홈페이지 입시자료실에 게시된 예시 문제 참조)

○ 시험시 유의사항

－수험표와 신분증(주민등록증, 여권, 면허증, 학생증) 미소지자는 시험장 입장 불가

－입실시간 준수: 13:00∼13:10(13:10) 이후 고사장 입장 불가

－대중교통 이용 권장(3사관학교가 시험장인 경우에는 교내주차 가능)

▢ **선발방법**: 1차 성적(서류심사 결과)과 2차 성적(선발고사)을 합산하여 고득점자 순으로 선발

▢ **2차 선발시험 합격자 발표**

○ 일자: 2021. 7. 16(금) 08:00

○ 선발인원(모집정원 기준): 남자(2배수), 여자(4배수)

○ 방법: 핸드폰 문자메시지, 인트라넷 / 인터넷(학교 홈페이지)

▫ 일정 / 장소: 2021. 8. 3(화) ~ 8. 27(금), 육군3사관학교/개인별 1박 2일

구분	1일차	2일차
내용	• 인도인접/등록(07:30 한) • 신체검사(국군대구병원/오전) • 인성/성격검사(오후) • 체력검정(오후) 　※ 팔굽혀펴기, 윗몸일으키기	• 체력검정(오전) 　※ 1.5km 달리기 • 면접시험(오전/오후) • 종료/복귀(18:00)

※ 기상 고려 체력검정 종목 일정별로 순서 변경 가능, 3차 시험간 조편성 및 조별 시험일정은 2차 합격자 발표 시 공지

▫ 등록 시 휴대 서류

구분		부수	비고
면접	참고자료	3부	• 워드 작성: 3부
	병적증명서	1부	• 징병검사를 받은 인원 • 읍, 면, 동사무소 또는 인터넷(민원24시) 발급
	자격증	1부	• 가산점 적용대상 외 자격증
신체검사	신체검사 문진표	1부	• 신체검사시 제출용도
학력조회	개인정보제공동의서	1부	• 학력조회시 제출용도

※ 휴대서류 양식은 2차 합격자 발표 시 학교 홈페이지에 게시(3차시험 등록일 제출)

※ 신원조사 서류제출 방법은 수험생이 직접 인터넷 접속 후 관련서류 첨부 및 작성 후 제출(2차 합격자 발표 시 안내)

▫ 시험과목 / 배점

구분	계	면접	체력검정	신체 / 인성검사
배점	100점	60점 / 합·불제	40점 / 합·불제	합·불제

○ 면접(60점)

구분	1시험장	2시험장	3시험장	4시험장
요소	인성/심리검사	자세/태도	개인자질, 적성/지원동기, 집단토의	종합판정

○ 체력검정(40점)
 － 평가종목: 1.5km(여자는 1.2km)달리기, 윗몸일으키기, 팔굽혀펴기
  · 남자

구분		1급	2급	3급	4급	5급	6급	7급	8급	9급	9급 미만
가 중 치		100	97.5	95	92.5	90	87.5	85	82.5	80	60
1.5km 달리기	시간	6'08"	6'18"	6'28"	6'38"	6'48"	6'58"	7'08"	7'18"	7'28"	7'29"
	점수	20점	19.5점	19점	18.5점	18점	17.5점	17점	16.5점	16점	불합격
윗몸 일으키기 (2분)	횟수	74회	70회	66회	62회	58회	54회	50회	46회	42회	41회
	점수	12점	11.7점	11.4점	11.1점	10.8점	10.5점	10.2점	9.9점	9.6점	7.2점
팔굽혀 펴기 (2분)	횟수	64회	60회	56회	52회	48회	44회	40회	36회	32회	31회
	점수	8점	7.8점	7.6점	7.4점	7.2점	7점	6.8점	6.6점	6.4점	4.8점

  · 여자

구분		1급	2급	3급	4급	5급	6급	7급	8급	9급	9급 미만
가중치		100	97.5	95	92.5	90	87.5	85	82.5	80	60
1.2km 달리기	시간	5'30"	5'46"	6'00"	6'15"	6'30"	6'45"	7'	7'15"	7'30"	7'31"
	점수	20점	19.5점	19점	18.5점	18점	17.5점	17점	16.5점	16점	불합격
윗몸 일으키기 (2분)	횟수	59회	55회	51회	47회	43회	39회	35회	31회	27회	26회
	점수	12점	11.7점	11.4점	11.1점	10.8점	10.5점	10.2점	9.9점	9.6점	7.2점
팔굽혀 펴기 (2분)	횟수	31회	29회	27회	25회	23회	21회	19회	17회	15회	14회
	점수	8점	7.8점	7.6점	7.4점	7.2점	7점	6.8점	6.6점	6.4점	4.8점

※ 윗몸일으키기, 팔굽혀펴기는 제한시간 2분동안 실시한 횟수 기준(행동요령은 학교홈페이지 영상 참조)
※ 1.5km(여자는 1.2km)달리기 9급 미만자는 불합격(남, 여생도 동일)
○ 신체검사: 국군대구병원
  - 신체검사 종목

검사종목		검사항목
기본 항목	신체계측	신장, 체중, 혈압, 시력, 청력
	혈구검사	RBC, WBC, Hb, PLT
	요검사	pH, Protein, Glucose, Blood
	생화학검사	T.bilirubin, GOT, GPT, aLP r－GTP, BUN, CR, Fasting glucose, T.cholesterol, LDL, TG, HDL, e－GFR
	구강검진	문진, 치아/ 치주 검사(육안)
	X－선	Chest X－ray
추가 항목	안과검사	색각
	면역혈청검사	HBsAg, HBsAb, HIV, RPR(VDRL) 정성
	산부인과검사	소변 hCG ※여자만 해당

○ 신장·체중
  - 남자
(단위: BMI(kg/m^2))

신장(cm) \ 등급	1급	2급	3급	4급
161 미만	·	·	17 이상, 33 미만	17 미만, 33 이상
161 이상	20 이상, 25 미만	18.5 이상, 20 미만 25 이상, 30 미만	17 이상, 18.5 미만 30 이상, 33 미만	17 미만, 33 이상

– 여자   (단위: BMI(kg/m²))

신장(cm) \ 등급	1급	2급	3급	4급
161 미만	·	·	17 이상, 33 미만	17 미만, 33 이상
161 이상	20 이상, 25 미만	18.5 이상, 20 미만 25 이상, 30 미만	17 이상, 18.5 미만 30 이상, 33 미만	17 미만, 33 이상

※ 신장·체중에 따른 신체등위 합격기준: 3급 이상

– 시력 합격기준: 교정시력 0.7 이상

최종 선발 / 합격자 발표

□ **최종 선발방법**: 1차 성적＋2차 성적＋3차 성적을 합산

구분	계	1차 성적			2차 성적		3차 성적		
		대학 성적	고교 내신	수학능력 평가	영어	간부선발 도구 (지적능력)	면접	체력 검정	신체/ 인성 검사
배점	400점	40점	60점 ·	· 60점	100점	100점	60점	40점	합· 불제
비율(%)	100%	10%	15%		25%	25%	15%	10%	·

○ 신원조회: 합·불제 적용

○ 학력조회: 학점 취득결과로 합·불제 적용

○ 후보 합격자 선정: 최종심의시 결정(합격자 발표 시 포함)

□ **최종 / 추가 합격자 발표**

○ 최종 합격자 발표: 2021. 10. 29(금) 08:00

○ 방법: 개인별 통지(우편), 인트라넷 / 인터넷(학교 홈페이지), 핸드폰 문자메시지

○ 추가합격자 발표(개별통보)

구분	1차	2차
일자	12. 17(금) 17:00	가입교 등록일 17:00
내용	합격취소/자진 포기자 대체	미등록인원 대체
방법	개별 휴대폰 문자/전화 통보	

※ 최종합격자 중 자격미달 / 등록 포기자 발생시 후보자 성적 순으로 선발

* 예비생도 모집요강은 매년 2~3월경 유사하게 공고하고 있다. 필자는 2023년도 입교 60기 모집요강을 적용하여 수험생 여러분에게 정보를 제공하니 참조하여 편입학 준비에 진력하기 바랍니다.

예비생도 모집 요강

□ **모집인원**: 110명~165명(남자 100~150명, 여자 10~15명)
□ **입교연도**: 2023년도 3학년으로 입교
□ **수업연한**: 2년(대학 3~4학년 과정)
□ **지원자격**
  ○ 1998. 3. 1~2004. 2. 29(18세~24세) 사이 출생한 대한민국 국적을 가진 미혼 남녀
  ○ 사관학교에 입학하려는 사람은 다음 각 호의 요건을 갖춘 자
  ○ 4년제 대학 1학년 재학 중인 자
   ※ 2023년 2월 2학년 수료예정자로 수료일 기준
     재학 중인 대학의 2학년 수료학점을 취득한 자
  ○ 2년제 대학 1학년 재학 중인 자 또는 3년제 대학 2학년에 재학 중인 자
   ※ 2023년 2월 2·3학년 졸업예정자
  ○ 해외대학교 1학년에 재학 중인 유학생
  ○ 군인사법 제10조에 의거 장교 임관 자격상 결격사유가 없는 자

□ 모집일정

구분	지원서 접수	1차 선발발표	2차 필기시험	2차 선발발표	3차 선발시험	최종발표
일정	4. 26(월)~ 5. 31(월)	6. 18(금)	7. 3(토)	7. 16(금)	7. 26(월)~ 8. 3(화)	10. 15(금)
비고	·	서류전형	필기시험	·	면접, 체력, 신체검사 등	

□ 지원서 접수기간 / 방법

기간	2021. 4. 26(월) 00:00~5. 31(월) 24:00
방법	인터넷 접수(www.univapply.co.kr) ① 육군3사관학교 홈페이지 접속 → ② 지원서접수 배너 click → ③ 회원가입 및 로그인(스마트폰 이용 가능) → ④ 지원서 작성 (PC 이용) → ⑤ 입력사항 확인 → ⑥ 수수료 결제(카드결제, 계좌이체 가능) → ⑦ 수험표, 지원서, 인터넷 접수증 출력 → ⑧ 구비서류 3사교 등기 우송

□ 지원시 구비서류(인터넷 접수 후 등기우편으로 제출할 서류)

구분	부수	비고
인터넷 접수증	1부	• 인터넷에서 출력 후 서류봉투 겉표지에 부착
육군3사관학교 지원서	1부	• 원서접수 홈페이지에서 출력 (www.univapply.co.kr)
고등학교 생활기록부 (내신 성적 포함)	1부	• 모든 수험생 제출, 검정고시 출신자 성적증 명서 제출 • 외국고교 졸업 / 성적증명서는 해당국 주재 대사관 공인인증 받은 후 제출
대학수학능력평가 성적 (수능 미 응시자는 불필요)	1부	• 공인영어성적을 적용할 인원은 미제출 • 공인영어성적을 적용하지 않은 인원은 반드시 제출
공인영어성적 (수능 응시자는 불필요)	1부	• 토익, 텝스, 토플 중 택1 • 대학수학능력평가 성적을 적용할 인원은 미제출
가산점 적용대상 서류	1부	• 가산점 적용 대상자만 해당(사격증 사본 가능) • 가산점 적용 내용(22~23p 참조)

□ 원서접수 간 유의사항

　※ 59기 정시생도 모집요강을 참조하시기 바랍니다.

1차 선발 시험(서류전형)

□ 선발기준

　○ 전형방법: 서류전형(고교내신, 대학수학능력평가 성적 또는 공인영어
　　성적)

　○ 배점기준(100점)

　　※ 대학수학능력평가 성적 제출자: 고교내신＋대학수학능력평가 성
　　　적 적용

구분	계	고교내신	대학수학능력평가			
			소 계	국 어	영 어	수 학
배점	100점	50점	50점	25점	25점	·
					·	25점

　　※ 대학수학능력평가 성적 미제출자: 고교내신＋공인영어성적 적용

구분	계	고교내신	공인영어성적
배점	100점	50점	50점

□ 성적 산정기준

　○ 고등학교 내신 성적 적용(50점)

　　－적용과목: 3과목(국어, 영어, 수학)

　　－학년별 비율: 1학년(30%), 2학년(30%), 3학년(40%)

　　　※ 3학년, 국어, 영어, 수학 성적이 없을 경우 1학년(40%), 2학
　　　　년(60%) 적용

　○ 대학수학능력평가 성적 적용(50점)

　　－적용과목: 국어 필수, 영어 또는 수학 중 택 1

○ 공인영어(TOEIC, TOEFL) 성적 적용(50점)

※ 가산점 적용: 1차 선발시 최고 9점까지 부여

– 외국어(영어, 일어, 중국어, 프랑스어, 스페인어, 아랍어, 베트남어, 독일어, 러시아어) 우수자, 전산(PCT, 컴퓨터활용능력, 워드프로세스) 자격증 소지자, 무도(태권도, 유도, 검도) 유단자

– 적용기준

※ 59기 정시생도 모집요강을 참조하시기 바랍니다.

□ **선발방법**: 고교 내신성적 + 대학수학능력평가 성적 또는 고교 내신성적 + 공인 영어성적을 합산하여 성적 순으로 선발

□ **1차 선발시험 합격자 발표**

○ 일 자: 2021. 6. 18(금) 08:00

○ 선발인원(모집정원 기준): 남자(3배수), 여자(6배수)

○ 방 법: 핸드폰 문자메시지, 인트라넷 / 인터넷(학교 홈페이지)

2차 선발 시험(선발고사)

□ **선발기준**

○ 전형방법: 선발고사[영어, 간부선발도구(지적능력)]

○ 시험일 / 장소: 2021. 7. 3(토) / 전국 7개 고사장

장소는 추후 인터넷 공지

– 시험장소(학교)는 원서접수 시 시험장 선택, 지원서 접수완료 후 변경 불가

※ 지역별 학교 사정에 따라 시험 장소가 변경될 수 있음

○ 대 상: 1차 선발시험 합격자 전원

○ 시험과목 / 배점

구분	계	영어	간부선발도구(지적능력)				
			소계	언어능력	자료해석	공간능력	지각속도
점수	200점	100점	100점	38점	38점	12점	12점

- 영어시험은 모의토익(Reading 100문제) 평가
  * Listening 제외
- 간부선발도구는 지적능력평가만 실시(자질·상황판단능력 평가 제외)
  (출제유형: 육군 3사관학교 홈페이지 입시자료실에 게시된 예시문제 참조)
○ 시험시 유의사항
- 수험표와 신분증(주민등록증, 여권, 면허증, 학생증) 미소지자는 시험장 입장 불가
- 입실시간 준수: 13:00~13:10(13:10 이후 고사장 입장 절대 불가)
- 대중교통 이용 권장(3사관학교가 시험장인 경우에는 교내주차 가능)
□ **선발방법**: 1차 성적(서류심사 결과)과 2차 성적(선발고사)을 합산하여 고득점자 순으로 선발
□ **2차 선발시험 합격자 발표**
○ 일 자: 2021. 7. 16(금) 08:00
○ 선발인원(모집정원 기준): 남자(2배수), 여자(4배수)
○ 방 법: 핸드폰 문자메시지, 인트라넷 / 인터넷(학교 홈페이지)

3차 선발 시험(적성)

□ **일정 / 장소**: 2021. 7. 26(월)~8. 3(화), 육군3사관학교 / 개인별 1박 2일
※ 59기 정시생도 모집요강을 참조하시기 바랍니다
□ **내 용**
○ 인도인접 / 등록(07:30 한)
○ 신체검사(국군대구병원 / 오전)
○ 인성 / 성격검사(오후)
○ 체력검정(오후)
- 팔굽혀펴기, 윗몸일으키기
○ 체력검정(오전)
- 1.5km 달리기

ㅇ (오전 / 오후)

ㅇ 종료 / 복귀(18:00)

※ 기상고려 체력검정 종목 일정별 변경 가능

※ 3차 시험간 조 편성 및 조별 시험일정은 2차 합격자 발표 시 공지

□ 등록 시 휴대 서류

구분		부수	비고
면접	참고자료	3부	• 워드 작성: 3부
	병적증명서	1부	• 징병검사를 받은 인원 • 읍, 면, 동사무소 또는 인터넷 (민원24시) 발급
	자격증	1부	• 가산점 적용대상 외 자격증
신체검사	신체검사 문진표	1부	• 신체검사시 제출용도
학력조회	개인정보제공동의서	1부	• 학력조회시 제출용도

※ 휴대서류 양식은 2차 합격자 발표시 학교 홈페이지에 게시(3차 시험 등록일 제출)

※ 신원조사 서류제출 방법은 수험생이 직접 인터넷 접속 후 관련 서류 첨부 및 작성 후 제출(2차 합격자 발표시 안내)

□ 시험과목 / 배점

※ 59기 정시생도 모집요강을 참조하시기 바랍니다.

□ 최종 선발 / 합격자 발표

□ 선발방법: 1차 성적＋2차 성적＋3차 성적을 합산

구분	계	1차 성적			2차 성적		3차 성적		
		고교 내신	수능 성적	공인 영어 성적	영어	간부 선발도구 (지적능력)	면접	체력 검정	신체/ 인성검사
배점	400점	50점	50점 ·	· 50점	100점	100점	60점	40점	합·불제
비율(%)	100%	12.5%	12.5%		25%	25%	15%	10%	—

※ 신원조회: 합·불제 적용

□ 합격자 발표
  ○ 일자: 2021. 10. 15(금) 08:00
  ○ 방법: 개인별 통지(우편), 인트라넷 / 인터넷(학교 홈페이지), 핸드
    폰 문자메시지
  ○ 후보자 미선발
□ 합격자 유의사항(정시 · 예비공통)
  ○ 질병, 부상, 그 밖의 사유로 인해 기초군사훈련을 포함한 생도교육
    이 불가하다고 판단된 자는 합격 취소됩니다(등록 불가).
  ○ 최종 합격자 발표 후 진로변경자(자진/등록 포기자)는 육군3사관학
    교 평가관리실로 연락 후 진로변경서(자진포기서)를 작성하여 제출
    하시기 바랍니다(우편, FAX 등).
  ○ 다음과 같은 경우는 입학 후라도 퇴학될 수 있습니다.
    ① 지원자격의 학력조건을 충족하지 못한 자
    ② 위 · 변조 또는 허위의 서류를 제출하거나 임관결격사유가 확인
      된 자
    ③ 사회적 물의를 일으키는 사고를 발생시킨 자
    ④ 입학 요건 또는 성적산정에 영향을 주는 요인이 허위 또는 불
      충족 사유가 확인된 자
    ⑤ 사관생도 과정에 최종 합격하여 이중학적을 보유한 사람은 육
      군3사관학교 입학일 이전에 전적대학을 자퇴처리해야 하며,
      이후 이중학적으로 밝혀지게 될 경우 합격(입학)이 취소될 수
      있음.
□ 지원자 유의사항(정시 · 예비공통)
  ○ 기본사항
    ① 육군3사관학교 홈페이지 "입학안내"란 참고
    ② 입학시험 성적 및 평가내용은 공공기관의 정보공개에 관한 법
      률 제9조에 따라 공개하지 않습니다.
    ③ 제출서류의 위 · 변조에 따른 부정행위를 방지하기 위해 지원자
      가 원서접수를 완료하면 학교생활기록부 및 대학수능능력평가
      성적, 대학성적의 온라인 제공에 동의하는 것으로 간주합니다.

④ 본 요강에 명시되지 않은 사항은 육군3사관학교 생도 선발업무 심의위원회에서 결정됩니다.

○ 지원서 접수 유의사항
① 인터넷 접수 시 입력 사항의 착오, 누락, 오기 등으로 인한 불이익을 예방하기 위하여 신중을 기해 작성하시기 바랍니다.
② 접수된 제출서류는 지원서 접수기간 이후 취소 또는 변경할 수 없습니다.
③ 시험과정에서 수험표와 신분증으로 본인 여부를 확인하니 반드시 수험표와 신분증을 지참하시기 바랍니다.

○ 합격자 발표 관련사항
① 최종합격자 및 추가합격자 발표 후 개인신상 변동 발생 시 육군3사관학교 평가관리실로 연락 주시기 바랍니다.
② 추가합격자 발표는 개별통지(휴대폰, 집 전화번호)하므로 지원서 작성 시 정확하게 기재하고 변동 있을 시 연락주시기 바랍니다.
※ 기타 생도생활, 급여 및 특전, 향후진로 등 세부사항은 육군3사관학교 홈페이지 "입학안내", "생도생활", "교육과정"란을 참고하기 바랍니다.

○ 일자: 2021. 10. 15(금) 08:00
○ 방법
* 개인별 통지(우편), 인트라넷 / 인터넷(학교 홈페이지), 핸드폰 문자메시지
○ 후보자 미선발
○ 합격자 유의사항
- 합격자 발표 후 개인신상에 변동되는 사항 발생시 육군3사관학교 평가관리실 입시담당자에게 연락 주시기 바랍니다.

3 육군3사관학교의 궁극적 비전

호국간성의 요람, 육군3사관학교(3사)가 혁신과 소통을 비전으로 제2의 도약에 나섰다. 4차 산업혁명 시대와 미래전 양상에 부합한 대대적인 교과과정 개편을 단행하고, 우수 대학과 학군 교류를 활성화하고 있다. 신세대와 밀착 소통할 수 있는 독자적인 뉴미디어 홍보 채널도 신설했다. 인구절벽, 학령인구 감소 등 위기 속에서 3사만의 매력과 강점을 우수 인재들에게 적극적으로 어필한다는 각오다.

3사는 미래 육군을 이끌어갈 통섭형 장교를 양성하고자 올해 생도 교과과정을 대폭 개편했다. 가장 눈에 띄는 개선점은 일반학 교육의 강화다. 올해부터 3사 생도들은 3·4학년 2년 동안 일반학 48학점, 군사학 48학점에 전적대학의 학점을 더해 총 140학점 이상을 이수한다. 인문·사회학, 이·공학 등 일반학 이수 비중을 군사학과와 동등한 수준까지 끌어 올린 것이다. 장교로서 기본인 군사적 역량은 물론, 인문학적 소양과 첨단과학기술 활용 능력까지 두루 갖춘 창의·융합 인재 육성을 위한 전략이라 할 수 있다. 이와 함께 AI·빅데이터·로봇·드론 등 4차 산업혁명 핵심기술을 접목한 전문적이고 수준 높은 교육이 시행될 수 있도록 실습장 신축, 첨단 장비 도입, 교육 프로그램 개선 등을 병행했다.

또 하나 주목할 변화는 기존 21개에 달했던 일반학 전공을 학문 간 유사성을 고려해 12개로 통폐합한 점이다. 이에 따라 별도 전공이었던 경제학과 경영학은 '경제경영학'으로, 군사운영분석학과 무기시스템학은 '국방시스템과학'으로 재탄생했다. 지식의 파편화를 방지하고, 미래 전장을 주도할 유연한 대응 능력과 융합적 역량을 길러주기 위한 과감한 시도다.

'융합전공학과'로 안보통상학과, 로봇공학과를 처음으로 신설한 것도 눈길을 끈다. 전공별 기초 학습능력이 우수한 생도들을 융합전공자로 선발해 폭넓은 학습 기회를 부여하며 수월성을 강화해나간다.

생도 교육의 질적 향상을 도모할 수 있도록 학군교류 활성화에도 힘쓰고 있다. 3사는 올해 수도권 7개 대학교·포항공대 등과 업무협약을 맺었다. 이는 인재 모집에 기폭제가 되는 동시에, 생도들에게도 실질적인 혜택을 줄 것으로 보인다. 오는 6월 3사 전 생도가 포항공대의 온라인 AI 강좌를 수강하게 된 것이 대표적인 사례다. 나아가 성적이 특히 우수한 생도들에게는 포항공대·경북대학교 등에서 학점교류를 통해 견문을 넓힐 수 있는 기회도 주어진다.

신세대와 소통할 수 있는 다양한 뉴미디어 채널을 최초로 신설한 것도 3사의 혁신 의지를 엿볼 수 있는 대목이다. 그중에서도 유튜브를 기반으로 운영하는 '3사 TV'가 단연 돋보인다. 유튜브 콘텐츠 제작 동아리 생도들이 매주 수요일마다 라이브 스튜디오에 모여 출연·편집·운영까지 전 과정을 주도한다. 코로나19로 직접적인 모집 홍보활동이 제한적인 상황을 극복하고, 밀레니얼·Z세대로 불리는 대학생들의 3사에 대한 관심을 높이는 계기가 되고 있다.

3사 출신의 경쟁력을 강화하고 안정적 근무 여건을 보장하기 위한 제도적 개선도 추진되고 있다. 3사를 졸업한 즉시 일정한 비율의 임관자를 장기복무로 확정하는 방안이 중장기 제도 개선 과제로 검토되고 있다는 것이 3사의 설명이다.

PART

02

실전 면접 대비 비법 전수

1. 면접 진행 순서

2. 개인면접 토론 공략

3. 집단면접 토론 공략

4. 국가관, 안보관, 역사관 면접 주제

실전 면접 대비 비법 전수

면접 실전은 곧 서류에서부터 시작된다. 대부분 서류 제출 이후 진행되는 면접을 서류와 별개로 생각하는 경향이 있는데 면접관은 서류 내용을 보고 1차 판단을 한 뒤, 면접을 진행하기 때문에 면접 전략이라는 것도, 결국 서류에서부터 시작되는 것이다.

면접 질문 또한 서류에 기재된 내용에서 출발하기 때문에 면접 장소에 들어가기 전 서류를 충분히 숙지하도록 한다. 자신이 작성한 서류라도, 제3자의 눈으로 객관적으로 평가 및 파악하는 것이 중요한 만큼 신중하게 접근해야 한다.

🖊 면접 주요 평가 요소는?

면접관은 면접 시 사전 평가 요소를 가지고 지원자를 평가하기 때문에 이를 미리 파악하고 대비하는 것이 중요하다. 면접 시 주요 평가 요소는 아래와 같다.

봉사/희생: 얼마나 타인에게 봉사하고 희생한 경험을 가지고 있는지 판단
책임/성실: 매사에 적극적인 태도로 일을 끝까지 마무리하는지를 판단
리더십: 타인과 무리를 얼마나 주도적으로 이끄는지에 대해서 평가
지적성취(독서 활동 등): 독서 능력 및 학습 능력을 평가하는 기준
지원동기: 육군3사관학교에 지원한 동기를 구체적으로 평가
사회성: 팀 워크의 밑바탕이 되는 사회성을 평가
의지력: 역경에서도 포기하지 않는 의지력이 있는지를 평가

자신이 제출한 서류와 면접 시 예상질문에 대비할 때, 이러한 평가 요소를 자신의 경험에 비추어 판단하는 것이 매우 중요하다. 중요한 것은 위 평가 요소에 맞는 여러 가지 경험을 내세우는 것보다는 한두 가지 경험을 언급하더라도 위 요소들이 묻어나도록 자신의 경험을 입체적이고 종합적으로 발표할 수 있는지 여부다.

예를 들면 학창 시절 해외 어학 연수 경험이 있다면 이것을 단지 의지력이나 사회성과 연결지을 것이 아니라 현지에서 있었던 경험을 예시로 들면서 리더십과 책임감과 연결하는 능력도 매우 중요하다고 볼 수 있다. 꼭 모든 평가 요소에 탁월하다는 것을 강조할 필요는 없고, 어떤 역량이 부족하다면 솔직하게 드러내되, 이를 보완하기 위해 구체적으로 어떤 노력을 기울였는지를 자세히 기술하자.

이때 중요한 것은 두 가지인데 바로 스토리텔링 능력과 개선된 점 도출이다. 이야기를 서술하는 능력은 면접에서 매우 중요한 평가요소이자 앞서 언급한 평가 요소와 관련되어 자신의 강점을 어필할 수 있는 중요한 포인트이다. 따라서 평소 위 평가 요소에 따른 에피소드를 미리 정리해두고, 여기에서 자신이 어떤 노력과 성과를 만들어냈는지 에피소드를 활용해 이야기를 정리해두는 것이 좋다.

또한 단지 경험을 스토리텔링으로 서술하는 것만으로 그치는 게 아니라, 이 경험을 통해서 배운 점과 느낀 점을 설득력 있게 제시하되 이후에 자신이 어떻게 달라졌는지를 자세하게 적는 것이 중요하다.

 합격 포인트 핵심

1. 첫인상이 합격의 70%를 결정한다.

면접은 말 그대로 얼굴과 얼굴을 맞대는 첫 만남이다. 면접자가 말을 하기 전에 면접자의 행동과 성격이 어느 정도 드러나는 순간이기도

하다. 그렇기 때문에 면접관은 이 선택의 순간에 본능적, 무의식적으로 합격자를 어느 정도 마음 속으로 정한다고 볼 수 있다. 비록 말을 유창하게 잘하지 못한다고 해도 첫인상에 합격점을 받는다면 면접 합격의 길에 가까워졌다고 볼 수 있다.

2. 오버는 금물! 편안한 자세가 더 중요하다

평소에 연습한 대로 면접에서는 묻는 질문에 자신 있게 대답하되, 절대로 과도하게 액션을 해서는 안 된다. 면접관은 지원자의 평소 성향을 보고자 함이기 때문에, 면접을 위해 의도된 행동에 대해서는 가산점이 아니라 오히려 마이너스 요소로 보기 때문에 평소처럼 편안한 분위기를 유지하는 게 중요하다.

3. 먼저 경청하고, 그 다음 대답한다

많은 지원자들이 착오하는 것이 면접관의 질문보다 자신의 대답이 합격에 중요할 것이라 생각하는 것이다. 그러나 면접관이 질문하는 것은 질문의 요지와 의도를 파악하라는 것이다. 그렇기 때문에 먼저 정확한 질문의 요지를 파악하는 것이 중요하다. 질문의 요지가 명확히 파악되었다고 판단한 뒤에는 자신이 생각한 바를 소신껏, 간결하게 답변하면 된다. 질문의 의도에 어긋난 발언, 질문에 대한 답변이 너무 긴 경우는 오히려 마이너스가 될 수 있으니 주의한다.

4. 결론을 먼저 이야기한다

한국 사람은 결론을 좋아한다. 면접관도 장황한 답변보다는 결론을 명확하게 내리는 지원자를 선호하기 마련이다. "우선 결론을 말씀드리면" "결론부터 말하자면"처럼 결론을 먼저 선언하고, 그에 따른 근거나 의견을 부연하는 방식으로 답변한다면 면접관의 인상에 오래 남을 수 있으니 참고하자.

5. 답변을 서류와 일치시킬 것

간혹 서류에 적힌 내용과 다르게 답변하는 지원자가 있다. 면접관은 면접자를 만나기 전 서류 내용을 토대로 이 지원자는 어떨 것이라고 예상하기 때문에, 서류 내용과 다른 답변을 하게 되면 눈앞의 지원자와 서류상의 지원자를 동일인으로 보기 어렵게 된다. 이 때문에 항상 서류 준비 내용을 토대로 자신의 의견을 깔끔하게 정리하는 것이 중요하다.

6. 알아듣기 쉬운 말을 사용하라

말투는 그 사람의 표정이다. 격식을 갖춰 말한다고 해서 알아듣기 어려운 말을 쓰거나, 평소에 잘 쓰지 않는 단어를 쓰면 면접자의 메시지가 전달되기 어렵다. 지원자의 말의 품격은 어려운 단어를 쓴다고 해서 결정되는 게 아니다. 되도록 쉬운 말로 자신의 뜻을 명확히 전달하는 것이 더 중요하다.

1 면접 진행 순서

육군3사관학교의 면접 기본 정보는 아래와 같다.

면접시험은 2차 시험에 합격한 지원자를 대상으로 하며, 지원자의 논리적 사고력과 인성, 자유민주주의 국가의 시민 역량을 종합적으로 평가한다.

• **집단토론:** 집단토론 시험 주제는 사회적으로 찬성과 반대가 대립하는 사안으로 보통 7명 내외의 지원자와 토론한다. 이때 토론 주제는 지식을 알고 있는지 여부를 평가하기보다는, 여러 사람과 토론하는 과정에서 본인의 주관이 뚜렷이 드러나는지를 보고 평가한다. 특히 타인과 의사소통을 얼마나 잘 할 수 있는지를 보고, 반대의견이 있을

시 이를 포용할 수 있는지 등을 평가한다.

- **구술시험:** 구술시험의 경우, 약술과 구술로 구분되며 지원자가 얼마나 건전한 자유민주주의적 가치관을 가졌는지 평가한다. 자신의 주장을 전개하는 과정에서 논리적인 사고력을 갖추고 있는지도 중요한 평가 요인이다. 면접관의 질문에 답변할 때, 지원자가 자기 주장을 설득력 있게 펼쳐나가는지를 평가하는 항목이다.

- **집단토론 및 구술면접 종합의견:** 집단토론과 구술면접에서 다뤄지는 주제는 대한민국 고등학생 정도의 지식을 가지면 충분히 다룰 수 있는 주제들로, 지원자의 지식을 보고자 함이 아니라 주제에 관해서 얼마나 논리적으로 평가하는지를 측정하는 문제이다. 또 지원자 간 대화와 면접관과의 질의, 응답을 통해 지원자의 주도적인 능력과 능동성을 측정하기도 한다.

1시험장(인성/심리검사): 성격요인, 지적요인, 분노조절, 이해 및 판단
2시험장(자세, 태도): 외적 자세, 신체조건, 발성, 발음, 표현력, 자신감
3시험장(개인자질, 적성, 집단토의): 국가관, 애국심, 리더십, 사회성, 지원동기, 집단토론
4시험장(종합판정): 의지력, 정신자세, 총괄점검

면접은 육군3사관학교 생도대장(장군) 주관 계획하에 1박2일간 교내 사관캠프건물(1실 8명 생활)에서 숙박하면서 실시하며 시험은 교수부 건물에서 실시한다. 각 시험장마다 평가 요소는 조금씩 다르다. 영역별 배점은 공개하지 않고 2시험장, 3시험장, 4시험장 점수를 종합 60점 만점으로 평가한다.

질문1) 자기소개서를 보면 학교생기부 중 과장된 내용이 있는 것 같은데 어떻게 생각하는가?

질문2) 장래희망이 군인이 아니었는데 왜 갑자기 사관학교에 지원했나?

질문3) 우리 학교(육군3사관학교)에 지원한 동기를 구체적으로 밝혀달라.

질문4) 왜 직업군인이 되고 싶은지 서술하라.

질문5) 임관한 후 어디까지 진급하고 싶은가?

질문6) 입학 후 어떤 분야에서 전문성을 키우고 싶은가?

질문7) 본인의 교우관계에 대해 설명해보라

질문8) 우리 학교에 지원하기 위해 특별히 준비한 활동이 있는가?

질문9) 독서활동을 보니 ○○를 읽었는데 느낀 점은 무엇인가?

면접 진행은 이렇게 이루어진다.

지원자는 면접일 등록 및 서류접수를 위해 육군3사관학교 사관캠프에 08:00까지 도착하여야 한다(영천역, 정문에서 셔틀버스 운행). 도착하면 본인확인 및 서류접수, 생활관 편성 후 곧바로 국군대구병원으로 이동하여 신체검사를 받고 복귀 후 점심, 오후에는 인성 및 성격검사를 실시 후 18:00경 체력검정(팔굽혀펴기, 윗몸일으키기)을 받는다. 이후 저녁을 먹고 간이논술작성, 개인정비, 취침, 2일차는 기상과 동시에 체력검정(남 1.5km, 여 1.2km) 및 아침식사, 1시험장~4시험장 면접이 오후까지 이루어진다.

제1시험장

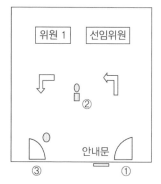

□ 시험장 배치도

□ 진행절차

① 수험번호 순으로 1명씩 입장. 의자 앞에서 인사(목례) 후 착석하세요.
② 의자에 착석 후 수험번호, 성명을 면접관에게 말씀하세요.
　※ 면접관 질문에 간단하게 답변하세요.
③ 면접이 끝난 후 면접관에게 인사(목례) 후 조용히 퇴장하세요.

◇ 위원: 심리상담사(여성), 소령 1명
◇ 성격 및 심리검사 결과를 코멘트 할 수 있음

수험생 유의사항

○ 1일차에 실시한 성격/인성검사 결과를 검증하는 시험장이다. 성격검사에 나타난 요소에 대한 타당성을 인정받아야 한다.
○ 성격 및 분노조절 등을 파악하기 위해 다소 자극적인 질문을 할 수 있다.

자극적인 질문의 예
1. 제복을 왜 입고 왔느냐?
2. 왜 목이 없는 양말을 신고 왔느냐? 군인은 그런 것을 좋아하지 않는다.
3. 복장이 군인정서에 맞지 않는다,
4. 두발이 마음에 안 든다.

제2시험장

□ 시험장 배치도

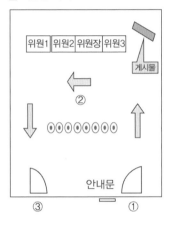

□ 진행절차

1. 조별 시험장 입장, 면접관 앞으로 이동, 면접 실시
2. 2번 위치에서 면접관이 지정한 문장을 소리내어 읽어보시오.
3. 2번 위치에서 면접관이 지시하는 대로 행동하세요.
4. 2번 위치에 앉아서 면접관의 지시에 따라 행동하고 질문에 답변하시오.
5. 2번 위치에서 면접관의 질문에 답변하시오.
6. 면접 종료 시 인사(목례) 후 3번 문으로 퇴장하시오.

◇ 위원: 대령1, 중령2, 소령1
◇ 발성, 속도/어조, 차렷자세, 앉어, 일어나, 구령조정, 한발서기 등

수험생 유의사항

○ 외적 자세, 태도, 인상, 발성, 발음 등을 확인하는 시험장이다.
○ 신체적인 조건 자세 확인 요소
  1. 차렷 자세, 무릎 붙이고 앉기, 짝발 짓고 한발로 서있기, 한 손들기 등
  2. 보행자세 확인
  3. 양말 벗고 평발 확인
  4. 발성, 발음 확인
    * 거울을 보고 자세 연습을 하시기 바랍니다.
    * 발성, 발음 연습을 하시기 바랍니다.

제3시험장

☐ 시험장 배치도

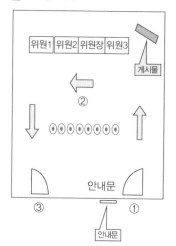

위원1 위원2 위원장 위원3

②

게시물

ⓞⓞⓞⓞⓞⓞⓞⓞ

안내문

③   ①

안내문

☐ 진행절차

1. 8명 단위로 입장 후 수험번호 순으로 지정된 의자에 착석하시오.
2. 착석 후 빠른 번호순으로 수험번호, 성명을 복창하시오.
3. 면접위원이 부여하는 토론주제에 대하여 개인별 1분씩 각자의 의견을 발표하시오.
4. 개인별 발표가 끝나면 각자의 의견에 대하여 상호 토론하시오.
5. 필요시 면접위원의 질문에 답변하시오.
6. 면접 종료 시 인사(목례) 후 3번 문으로 퇴장하시오.

◇ 위원: 대령1, 중령2, 소령1
◇ 국가관, 애국심 평가, 추첨에 의거 답변 순서 정함.

수험생 유의사항

○ 국가관, 애국심, 토론, 지원동기 등 답변은 간단명료하게 답변해야 한다(30초 이내).
○ 토론의 주제 예시
  1. 교사의 체벌에 대해서 어떻게 생각하느냐?
  2. 인공지능이 인간의 삶에 어떤 영향을 미치겠느냐?
  3. 노트필기를 하지 않은 학생이 노트를 빌려달라고 한다. 빌려줄 것인가?
  4. 시험시간에 부정행위를 하는 학생을 발견했다. 어떻게 할 것인가?
  5. 영어를 우리나라 공용어로 사용한다면?

제4시험장

□ 시험장 배치도

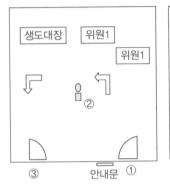

생도대장   위원1
　　　　　　　위원1
②
③   안내문 ①

□ 진행절차

1. 수험번호 순으로 1명씩 입장하여 의자 앞으로 이동하여 인사(목례)후 의자에 착석하세요.

2. 의자에 착석 후 수험번호, 성명을 면접관에게 말씀하세요.
   ※면접관 질문에 간단하게 답변하세요.

3. 면접이 끝난 후 면접관에게 인사(목례)후 조용히 퇴장하세요.

◇ 위원: 생도대장1, 대령1, 소령1
◇ 참고자료 보고 질문 → 존경하는 교수?, 기초질서 확립?, 좋아하는 연예인?
　애국심의 실천사례: 이름 한자 쓰기, 부하에게 신뢰?, 태극기 그려봐라! 등등

수험생 유의사항

○ 종합판정을 실시하는 시험장으로 수험생이 작성한 자술서, 면접참고자료 등 참고로 질의를 한다.

○ 질문의 예시

1. 왜 육군3사관학교에 지원했나? 왜 육군3사관학교에 합격해야 되는가?

2. 응시준비에 관련하여 무엇을 어떻게 준비했나?

3. 수험생의 자랑! 학과! 소개하라.

4. 태극기를 그려봐라! 애국가 4절을 불러봐라!
   * 장교의 꿈! 국가의 중요성! 의지력! 열정! 을 표현하라.

2 개인면접 토론 공략

1) 착한 사마리아인의 법

심장마비가 온 택시기사를 택시 안에 둔 채 승객들이 트렁크에서 골프 가방만 꺼내 간 이른바 '골프 택시기사' 사건을 통해 한국에서도 '착한 사마리아인의 법'을 도입하려는 움직임이 일고 있다. 우리나라 법에서는 응급 의료에 관한 법률 제5조 제2항에서 선의의 응급의료에 대한 면책조항에서 부분적으로 이를 적용하고 있긴 하지만, 법률에서 명시적으로 '착한 사마리아인의 법'을 인정하지는 않고 있다. 따라서 심장마비가 온 택시기사를 홀로 남겨둔 채 아무런 신고나 처치 없이 그냥 떠난 이번 '골프 택시기사' 사건의 승객들을 법적으로 처벌할 수 없다는 것이 법조계의 중론이다. 착한 사마리아인의 법을 도입해야 할지 찬반을 나누어 토론해보라.

어떤 점에 주안점을 두어야 할까?

선악의 구분을 정확히 하려고 하면 이 논의의 핵심을 잘못 짚은 것이다. 착한 사마리아인의 법은 인간의 의무와 자율성에 관한 지원자의 생각을 밝히면 되는 것이라서, 사마리아인의 상황에 처했을 때 내가 어떻게 행동할 것이고, 그 이유가 무엇인지를 분명하게 밝히는 것이 중요하다.

• 찬성: 범죄 현장에서 이를 보고도 규제하지 않으면, 살인 방조죄에 해당한다. 어떤 사람이 위기 상황에 처하거나 도움이 필요한 때에 이를 가까이에서 본 사람이 방치할 경우, 이는 살인 방조죄와 같은 중대한 범죄 행위이다. 단지 어떤 사람이 선하게 행동했느냐, 그렇지 않느냐를 두고 판단하는 윤리적인 문제가 아니라 누군가에게 중대한 피해를 끼치는 데 간접적으로 도움을 주었느냐의 문제로 판단해야

한다.

- 반대: 개인의 도덕성을 법으로 규제하는 것은 옳지 못한데, 착한 사마리아인의 법이 그러하다. 어떤 사람이 특정한 순간에 도덕적으로 행동했는지, 그 행동이 옳고 그른지를 판단하는 기준은 상대적이고 주관적일 수 있으므로, 이를 법에서 일률적으로 규제하는 것은 맞지 않다. 또한 착한 사마리아인의 법은 피해자를 항상 옳고, 이를 방치한 사람은 그르다는 식으로 규정하고 있지만 여기에 따른 가치판단은 다를 수 있기 때문에 법으로 규정하는 것은 맞지 않다.

2) 탈원전사태

문재인정부는 대선공약으로 내세웠던 '탈원전 정책'을 펼칠 것을 발표하면서, 신고리원자력발전소 5, 6호기 건설 중단을 공론화 위원회에서 다루겠다고 발표했다. 공론화 위원회에 따르면 '공론화'란 특정한 공공정책 사안이 초래하는 혹은 초래할 사회적 갈등에 대한 해결책을 모색하는 과정에서 이해관계자, 전문가, 일반시민 등의 다양한 의견을 민주적으로 수렴하여 공론을 형성하는 것으로 정책결정에 앞서 행하는 의견수렴 절차를 의미한다.

공약대로 공사를 중단하게 되면 관련 기업, 근로자, 지역주민, 지역경제 등에 막대한 영향을 초래할 것으로 보고, 사회적 공론화를 통해 중단 여부를 결정하는 것이다. 이처럼 국민에 지대한 영향을 끼치는 공공정책에 대해서 공론화를 하는 것에 대해 찬반을 나누어 토론해 보라.

어떤 점에 주안점을 두어야 할까?

공익과 국민의 주권이라는 측면에서 가치 판단을 하는 것이 중요하다. 사회의 공익을 추구하는 것이 개인의 권익을 침해하는 경우, 이를 어느 정도까지 용인해야 하는지에 대한 주관적 의견을 피력하는 것이 포인트이다.

- 반대: 님비 현상이라고 해서 내 집 앞에는 혐오시설이 들어서는 걸 반대하는 사람들이 있다. 그러나 이는 이기적인 것으로 공익성을 토대로 적합한 지역이 정해졌다면, 이것을 따라야 한다고 생각한다. 그러나 이런 사안에는 항상 절차적 정당성이라는 측면이 중요하기 때문에, 탈원전 반대가 이뤄지는 경우도 절차적 정당성이 올바르게 확보되었는가를 초점을 두고 판단해야 한다.
- 찬성: 어떠한 공공 사업도 국민의 주권에 피해를 끼쳐서는 안 된다. 공익 사업의 목적도 궁극적으로는 국민을 위한 것이기 때문에 무엇이 국익에 도움이 되느냐는 결국 무엇이 주민들에게 도움이 되느냐의 문제로 귀결된다. 이 때문에 국익 사업 추진이 지역 주민의 반대가 있다면 추진해서는 안 된다.

3) 숭의초등학교 집단폭력 사태

2017년 4월 숭의초등학교 수련회에서 같은 반 학생 4명이 피해자에게 폭행을 가하는 사건이 발생했다. 네 학생은 피해자를 움직이지 못하게 한 뒤, 야구방망이로 신체 부위 등에 폭력을 행사한 것으로 알려졌다. 당시 피해자 학생은 혼자 담요를 갖고 텐트 놀이를 하고 있던 것으로 파악됐다. 이외에도 가해 학생들은 이전부터 피해 학생을 지속적으로 괴롭혀온 것으로 전해졌다. 비눗물을 우유라 속이며 피해 학생에게 가학적인 행동을 가한 사실도 알려졌다. 당시 연예인 윤손하 씨의 아들은 가해자 네 학생 중 하나로 지목돼 여론의 뭇매를 맞았다. 또한 가해자 중 하나가 금호아시아나 그룹의 손자란 사실 또한 비난 여론에 불을 지폈다.

학교 측의 부적절한 대응도 비난을 받았다. 학교 측은 사건 직후 재벌 손자 A군을 자치위원회 심의대상에서 빼고 생활지도 권고대상에서도 제외했다. 학폭위 구성 역시 학교전담 경찰관 1명을 포함해야 하지만, 교사를 대신 임명했다. 또한 학생들이 쓴 최초 진술서 18장 중 6장은 담임교사와 생활지도부장의 부주의로 분실됐다. 특히 4장은 목격 학생 2명이 작성한 것으로 사안을 비교적 명확하게 판단할 수 있는 중요 자료였다.

어떤 점에 주안점을 두어야 할까?

집단 폭력 사태에서 피해자와 가해자가 누구인지, 피해자는 선하고 가해자는 나쁘다는 이분법에 빠지지 않도록 주의해야 한다. 이때에는 이러한 피해 사례가 어떻게, 왜 발생했는지 그 근본원인을 따져 묻는 형태로 자신의 의견을 피력하는 것이 중요하다. 학교가 이를 방치하지는 않았는지, 그리고 우리 사회가 이러한 폭력을 암묵적으로 대처하는 근본 원인에 질문하는 식이다.

• 찬성: 이 사건의 진정한 가해자는 교사와 학교 측이라는 생각이 든다. 아이들이 이런 폭력을 알고도 묵인하는 것은 이 학교가 사립재단이었기 때문일 거란 생각이 든다. 만약 이를 방치한다면 향후 사립학교에서 학운위 눈치를 보고 이런 처벌을 제대로 못할 가능성이 생기는 만큼, 올바른 선례를 남기는 차원에서도 적법한 조치가 필요하다.

• 반대: 학교의 폭력 사태를 학교 내에서 해결하는 것이 맞다고 본다. 이것이 사회 정의와 관련된 문제가 아니라 아이들의 다툼으로 인한 갈등 조정의 문제이다. 여기에 재벌 아들이 관계되어서 그렇지 이러한 학교 폭력과 관련된 문제는 흔히 발생할 수 있다고 본다. 이 때문에 학교 내에서 이러한 처벌 절차를 까다롭게 하여 이 문제를 근본적으로 해결할 방법을 마련해야 한다.

4) 한미연합훈련 중단

"우리는 그것을 중단함으로써 많은 돈을 절약할 것이다. 그에 더해 나는 그것이 매우 도발적이라고 생각한다." 2018년 6월 12일 싱가포르 센토사섬의 카펠라 호텔, 북미정상회담 결과를 설명하는 기자회견에서 도널드 트럼프 미국 대통령의 발언이다. 그가 언급한 '그것'은 한미연합훈련이었다. "연합훈련을 중단하겠다는 뜻이냐"는 추가 질문에 트럼프 대통령은 "그렇다"면서 또 "그것은 매우 도발적이었다"라고 했다. 연합훈련을 '전쟁놀음'이라고도 표현했다.

스위스에서 열린 유엔 제네바 군축회의CD에서 로버트 우드 미국 군축대사는 북한의 핵미사일 실험과 한미 군사훈련을 동시에 중단하자는 중국의 쌍방중단 제안을 일축했다. 그는 "수년 동안 진행한 합법적, 방어적 훈련과 유엔 안보리 결의 위반 행위는 등가성이 맞지 않는다"고 단언했다. 우드 대사만 아니라 그간 백악관, 국방부, 국무부 관료들이 일관되게 해온 얘기다. 그런데 미국 대통령이 하루 아침에 한·미 동맹의 합법적, 방어적 훈련을 '도발적 전쟁놀음'으로 규정한 셈이다.

어떤 점에 주안점을 두어야 할까?

한미연합훈련을 훈련 자체의 당위성을 말하기보다는 이 훈련이 실제 두 나라의 국익에 어떻게 작용하는지를 판단하는 것이 중요하다. 트럼프 대통령의 미국우선주의 전략과 이에 따른 정책의 변화에 대한 자신의 생각을 피력하는 것이 중요하다.

• 찬성: 한미연합훈련은 현 분단 상황, 더 정확히는 전시 상황에서는 꼭 필요한 훈련이다. 그러나 북한을 우리의 주적으로 인지하는 것보다는 평화와 번영을 함께 추구해 나가야 할 동반자로 봐야 한다. 이 때문에 현재는 불필요한 군사적 갈등을 유발할 수 있는 한미연합훈

련은 중단하는 것이 좋다.

- 반대: 한미연합훈련은 중단되어서는 안 된다. 북한이 아직 비핵화 작업이 진행 중이고, 우리에게 주적으로 위협이 되고 있는 상황이기 때문에 연합훈련을 유지해야 한다. 훈련은 어디까지나 훈련일 뿐이고, 이를 실전에 활용하자는 것도 아니다. 게다가 북한이 국제 협력을 계속 받아들이지 않고 있는 현재 상황에서 군사적 제재를 위한 훈련은 지속되어야 한다.

5) 인천 소년법 개정

2017년 초 인천에서 18세 소녀가 8세 초등학교 학생을 살해했다. 같은 해 부산에서 여자 중학생 2명이 또래 여학생을 폭행해서 피투성이로 만들었다. 사건이 널리 알려지자 청와대 홈페이지 국민청원 코너에는 소년법을 폐지하고 소년사범을 엄하게 처벌하라는 주장이 빗발쳤다. '소년법 이번에 없애라. 초등학생 이하로 가든지', '미성년자라봐주는 제도를 없애라. 요즘 애들이 어른보다 더 무섭다'는 등 올 4월까지 소년법과 관련된 청원만 1,900여 건이고, 이름을 올린 사람들은 중복해서 390만 명인데 소년법은 바뀌지 않고 있다.

어떤 점에 주안점을 두어야 할까?

반사회성을 가진 소년의 교정과 품행 교정을 위한 조치를 하는 이 법은 논란이 많다. 소년들의 교화에 초점을 맞출 것인지, 아니면 소년들의 중범죄를 처벌하는 데 동의할 것인지 자신의 의견을 밝혀야 한다.

- 찬성: 소년법은 현재 악용되고 있다. 오히려 소년들이 실제 더 악행을 저지르는 데 오용된다는 생각도 든다. 소년들은 미성숙함으로써 용서해줄 필요는 있지만, 단지 어리다는 이유로 범죄를 용서하는 것은 사회 정의의 형평성 측면에 어긋난다. 이에 따라 중범죄에 대해

서는 형량을 높게 집행함이 마땅하다.

- 반대: 소년법 개정에 반대한다. 청소년은 아무리 중범죄를 저질렀어도 아직 정신적으로 미숙한 시기이다. 이 때문에 그들에게 범죄 행위가 왜 잘못되었는지를 일깨우는 것이 더 중요하다. 무조건 형량을 늘리기보다는 그들에게 교화할 기회를 먼저 줌으로써 사회에 적응할 수 있도록 하는 측면에서 이것이 더 필요하다고 생각한다.

6) 아이폰 구형 비화

애플은 아이폰 운영체제iOS 업데이트 과정에서 아이폰6 등 구형 모델의 배터리 성능이 고의로 저하되도록 했다는 의혹을 받고 있다. 이 의혹은 지난 2017년 미국에서 제기된 뒤 '배터리 게이트'로 비화하며 세계 각국 아이폰 사용자들의 대규모 집단소송으로 이어졌다.

애플은 논란이 커지자 2017년 12월 구형 아이폰에서 배터리 노후화로 전원이 갑자기 꺼지는 현상을 막기 위한 조처였다고 해명하면서 "우리가 고객을 실망하게 했다는 것을 알고 있다"고 사과했다. 한국의 아이폰 사용자 6만3,767명도 지난 2018년 3월 손해배상청구 소송을 제기해 1심 재판이 진행 중이다.

서울고검이 재기수사 명령을 내린 배경에는 최근 미국·유럽 등지에서 애플의 배상책임을 인정하는 판결을 연달아 내놓은 것이 작용한 것으로 보인다. 미국에서는 지난 3월 애플이 아이폰 사용자들에게 1인당 25달러를 배상하기로 합의했고, 프랑스 경제소비부정행위방지국은 지난 2월 2,500만 유로의 벌금과 함께 프랑스 애플 홈페이지에 벌금 고지 사실을 게재하라고 판결했다. 이에 앞서 2018년 10월 이탈리아 공정거래위원회는 애플에 1,000만 유로의 과징금을 매겼다.

어떤 점에 주안점을 두어야 할까?

기업의 공정성에 대한 논의를 다루는 질문이다. 애플이 제조사로서 소비자에 비해 제품 정보가 많기 때문에 소비자에게 어떤 점이 손익이 될지를 고지하는 것이 중요하다는 입장과 기업의 자유를 좀 더 옹호해야 한다는 의견이 있을 수 있다.

- 찬성: 애플이 성능을 낮추는 업데이트를 하는 것에 동의한다. 애플 역시 기업인 만큼 업데이트를 통해 제품 개발의 방향을 정할 권리가 있다. 또한 애플이 이를 매번 소비자에게 고지할 권리를 말하는 것 또한 기업의 개발을 지나치게 제한하는 만큼, 애플에 책임을 묻는 것은 적절치 않다.

- 반대: 애플이 성능을 낮추는 업데이트를 해서는 안 된다. 고객의 판매로 인한 매출로 운영되는 기업이 소비자의 권익을 심각하게 침해하는 업데이트를 한다는 것은 잘못된 행동이다. 또한 업데이트 시 고객의 의사를 묻지도 않고 강제적으로 업데이트를 하도록 한다는 것은 애플의 지나친 강압으로 보여진다.

7) 한일관 대표 사망사건

유명 한식당인 '한일관'의 대표가 이웃이 기르는 개에 물린 지 며칠 뒤에 패혈증으로 숨졌다는 소식이 전해졌다. 그런데 한일관 대표를 문 개가 아이돌그룹 슈퍼주니어 소속 최시원 씨 가족이 기르던 개인 것으로 드러나 논란이 되고 있다.

한일관 대표인 김모 씨는 서울 강남구 압구정동의 한 아파트에서 이웃이 기르던 프렌치 불독에 물려 병원으로 옮겨져 치료를 받았다고 JTBC '뉴스룸'이 보도했다. 안타깝게도 김씨는 그로부터 며칠 뒤에 패혈증으로 숨진 것으로 전해졌다.

보도 내용에 따르면 김씨는 사건 발생 전 가족 2명과 함께 아파트

엘리베이터를 타고 있었다. 그런데 엘리베이터 문이 열리자마자 '목줄을 하고 있지 않던' 프렌치 불독에게 정강이를 물렸다.

그런데 김씨를 문 개가 같은 아파트에 사는 최시원 씨 가족의 개인 것으로 드러났다. 논란이 일자 최씨는 자신의 소셜네트워크서비스SNS를 통해 "가족을 잃은 큰 충격과 슬픔에 빠져 계실 유가족분들께 머리 숙여 사죄드린다"면서 "얼마 전 제 가족이 기르던 반려견과 관련된 상황을 전해 듣고 너무나 죄송스러운 마음이다. 고인과 유가족분들께 진심으로 애도의 뜻을 전한다"고 밝혔다.

어떤 점에 주안점을 두어야 할까?

1인 가구가 늘면서 반려견도 늘고 있는데 공공장소에서 반려견의 통제에 대한 적절성을 묻는 사안이다. 반려견에 한정해서 제재를 하는 것은 지나치다는 의견과 목줄 착용이 개의 자유를 침해한다고 보는 시각도 있는 만큼, 여러 해결책을 검토해보고 제안하는 것이 필요하다.

• 찬성: 반려견 목줄 착용 의무에 찬성한다. 반려견 급증으로 인한 사고가 늘고 있으며, 이로 인한 인명 피해가 발생한다는 점에서 반려견 외출 시에는 반드시 목줄을 착용해야 한다. 이를 주인의 자율성에 맡긴다고 해서 해결될 거라고 보면 안 된다. 주인은 자신의 반려견에 대한 애정으로 이를 법으로 규제하지 않으면 목줄을 하지 않을 것이기 때문이다.

• 반대: 우리나라는 아직 펫티켓 문화가 정착하지 않아서 발생하는 문제다. 이에 펫 교육과 반려견 관리 지침 홍보를 통해서 사람들에게 펫티켓 문화를 확산시키는 것이 순서이지, 이를 무조건 법으로 제한하는 것은 순서가 바뀐 처사라고 본다.

8) 개인방송 규제

인터넷 개인방송에 페미니즘에 대한 적대감 등 성차별적 내용이 확산하는 것으로 나타났다. 인터넷 개인방송의 공공성과 사회적 책임성이 필요하다는 지적이 나오는 가운데, 여성가족부는 자율규제 지침을 마련할 계획이다.

여가부는 국회 의원회관 2세미나실에서 '인터넷 개인방송 성차별성 현황과 자율규제 정책'이라는 주제로 한국여성정책연구원, 국회 여성가족위원회 정춘숙 의원, 송희경 의원, 김수민 의원과 공동으로 토론회를 개최했다.

토론회는 유튜브 등 온라인미디어에 방송의 흥미를 극대화한다는 목적으로 성차별적 내용이 확산하는 데 따른 것이다.

한국여성정책연구원 윤지소 박사는 성차별적 인터넷 개인방송 169편의 성차별 유형을 분석한 결과, 페미니즘·성평등 정책에 대한 적대감과 비난이 79건(46.7%)으로 가장 많았다고 밝혔다.

윤 박사는 "특히 문제가 되는 성차별적 개인방송은 자기의 주장을 강요하기 위해서 현상이나 사실을 왜곡하는 경우"라며 분석대상 성차별적 개인방송 중 39%가 '사실왜곡적 수사'를 이용하고 있다고 지적했다.

이수연 박사는 인터넷 개인방송 콘텐츠를 제작하는 창작자, 플랫폼 사업자, 창작자들을 연결·지원·관리하는 네트워크사업자들이 성평등한 개인방송 콘텐츠를 제작할 수 있도록 자율적으로 규제하는 방안을 담은 지침(가이드라인)을 제안했다.

진선미 여가부 장관은 "인터넷 개인방송은 기존의 방송 영역에 비해 규제가 쉽지 않아 정책적 사각지대에 놓여있다"라며 "올 연말까지 인터넷 개인방송에 대한 성인지적 지침을 마련할 계획"이라고 밝혔다.

어떤 점에 주안점을 두어야 할까?

인터넷 개인방송이 방송의 제약이 없다는 점에서 불성실한 방송과 공익 기능을 상실하는 등의 문제가 되고 있는 사안이다. 향후 온라인 방송이 확산될 거라는 측면에서 인터넷 방송을 어디까지 규제해야 하는지에 따른 기준이 불분명하다. 무조건적인 법적 제재보다는 시청자 연령제한이나 개인방송 사전교육을 통해 예방 가능한 문제라는 점을 어필해도 좋다.

• **찬성**: 인터넷 개인 방송은 규제해야 한다. 방송 플랫폼이 다양화된 요즘, 공영방송과 달리 인터넷 방송은 그 어떤 규제도 받지 않고 있다. 연령층도 다양한 만큼, 규제를 분명히 해야만 한다. 특히 욕설이나 음란한 내용이 방송될 경우, 미성년자가 이를 시청한다면 심각한 문제가 될 수도 있다.

• **반대**: 개인방송이 공영방송과 다른 점은 언론의 자유를 추구한다는 것이고 이는 표현의 자유와도 같은 말이다. 물론 일부 폭력성과 선정성으로 인해 미성년자나 아이들이 보기에 부적절한 방송도 있을 것이다. 그러나 이를 적절히 규제할 수 있는 가이드라인이 마련된다면, 개인방송을 법적으로 규제할 필요까지는 없을 것이다. 또한 정보의 검열로 개인의 창작 의지를 꺾을 우려가 더 크다고 본다.

9) 가상화폐 규제

정치 한복판에 가상화폐 문제가 등장한 건 이번이 처음이 아니다. 시계추를 3년 전으로 돌려도 가상화폐는 정치권의 뜨거운 감자였다. 당시 가상화폐의 위상은 지금보다 더 바닥이었다. 시장에는 투기 광풍이 부는데, 정부 관료는 가상화폐를 대놓고 '사기'나 '도박'이라고 평가절하했다. 거래소 폐지 카드가 처음 등장한 것도 이때였다. 2018년 1월 11일 박상기 당시 법무부장관이 "거래소를 토한 가상화폐 거래를

금지하는 법안을 준비 중"이라고 밝힌 순간이다. 이후 가상화폐 시세는 곤두박질쳤다. 투자자들이 이 날을 '박상기의 난'이라고 부르는 이유다.

문제는 정부가 강경 대응 기조를 일관되게 유지하지 못했다는 점이다. 금융당국이 규제의 칼을 빼려던 찰나 지지율 폭락이라는 성적표를 받아들자, 꼬리를 내렸다는 의미다. 집권 초반 70%선을 달리던 문재인 대통령의 지지율은 가상화폐 논란 이후 60%대 초반으로 떨어진 바 있다(자세한 내용은 중앙선거여론조사심의위원회 홈페이지 참조). 당장에라도 강경한 대책을 쏟아낼 것 같던 정부여당은 "거래소 폐지는 확정 사안이 아니다"(2018년 1월 11일 윤영찬 국민소통수석)라고 발을 빼고, "범정부 차원에서 협의를 거쳐 결정하겠다"(2018년 1월 15일 정기준 국무조정실 경제조정실장)며 신중한 태도로 돌아섰다.

규제의 동력을 잃은 정부여당은 지난 3년간 별다른 성과를 내지 못했다. 국무조정실을 중심으로 가상화폐 태스크포스까지 만들었지만, 지난 3년 동안 특금법(특정금융정보법) 제정과 가상화폐 거래 이익에 소득세를 물리는 소득세법 개정 이외의 결실은 거두지 못했다. 특금법마저도 국제자금세탁방지기구FATF 지침에 따라 암호화폐거래소에 자금세탁 방지 의무를 지운 수준이라, 맹탕 규제라는 비판에 직면한 상황이다.

어떤 점에 주안점을 두어야 할까?

2021년 4월 현재 비트코인의 가격은 전년대비 무려 50% 이상 폭등한 상태이다. 온라인 가상화폐의 가치가 과대평가되었다는 점, 그리고 미연방준비제도 이사회가 이를 규제할 움직임을 보인다는 면에서 가상화폐의 위험성을 주목해야 한다. 비트코인을 단순 투기 수단으로 볼 것인지, 아니면 통화 가치를 지닌 또 다른 화폐로 볼 것인지를 다루는 문제이다.

- 찬성: 비트코인은 현재 투기 수단으로 활동되고 있으며, 많은 전문가들이 이를 네덜란드 튤립 파동에 비유하고 있다. 즉, 거품이라는 뜻이다. 게다가 비트코인은 시장의 제재를 전혀 받지 않고 있으며, 시장이 닫히지 않기 때문에 24시간 가격이 널뛸 수밖에 없다. 도박과 같은 중독이 있기 때문에 이를 규제하는 것은 당연하다.
- 반대: 비트코인은 새로운 기술 혁명의 토대가 되는 것이기에 기존 주식시장과 단순 비교할 수 없다. 규제는 어느 정도 생태계가 확보되었을 때 해도 늦지 않다. 단지 지금 비트코인에 투자자금이 몰린다는 것만으로 비트코인을 규제한다면, 앞으로 4차 산업혁명 시대에 기술 발전이 뒤처질 수 있다. 가상화폐의 법적 제도로 끌어들이기 위한 과정이라면 모를까, 단순히 과열된 투기만으로 규제하는 것은 적절하지 않다.

10) 랜섬웨어 사건

랜섬웨어ransomware는 컴퓨터 시스템을 감염시켜 접근을 제한하고 일종의 몸값을 요구하는 악성 소프트웨어의 한 종류다. 컴퓨터로의 접근이 제한되기 때문에 제한을 없애려면 해당 악성 프로그램을 개발한 자에게 지불을 강요받게 된다. 이때 암호화되는 랜섬웨어가 있는 반면, 어떤 것은 시스템을 단순하게 잠그고 컴퓨터 사용자가 지불하게 만들기 위해 안내문구를 띄운다.

랜섬웨어는 몸값을 뜻하는 Ransom과 Software(소프트웨어)가 더하여진 합성어이다.

처음 러시아에서 유행하면서 랜섬웨어를 이용한 사기는 국제적으로 증가하였는데, 보안 소프트웨어 개발사 맥아피는 2013년 1분기 동안 수집한 25만 개 이상의 고유한 랜섬웨어 표본 자료를 2013년 6월 공개했고, 이는 2012년 1분기보다 두 배 많은 수치였다. 암호화 기반

랜섬웨어를 포함한 광범위한 공격은 각각 약 300만 달러와 1,800만 달러의 부당이득을 취한 크립토락커와 크립토월과 같은 트로이목마를 통해 증가하기 시작했다.

어떤 점에 주안점을 두어야 할까?

2015년 인기 커뮤니티 사이트를 방문한 사용자에 이상현상이 생긴 데서 발견된 랜섬웨어는 몸값과 소프트웨어의 합성어이다. 시스템을 잠그거나 데이터를 암호화해 사용할 수 없도록 만든 뒤, 이를 인질로 금전을 요구하는 악성 프로그램을 말한다. 이를 해결하기 위한 방법 중 일환으로 범죄자와 협상을 통해 비용을 지불할지 여부를 두고 논란이 되고 있다.

• 찬성: 범죄자와 협상을 해서 암호화를 푸는 것은 당연한 일이다. 컴퓨터를 이용한 업무가 대부분인 현실에서 만약 컴퓨터가 문제가 생기면 엄청난 사회적 비용을 치러야 할 것이다. 이를 비용으로 해결해서 아낄 수 있다면, 그 대상이 범죄자라고 하더라도 사회 전체적으로 이익을 줄 수 있기 때문에 협상을 할 수 있다고 본다.

• 반대: 범죄좌와는 어떤 경우에도 협상을 해서는 안 된다. 범죄자와 협상해서 비용이 지불되었다는 점이 공개된다면, 범죄자들은 이를 악용해서 금액을 점점 더 높일 것이고, 결국 이를 둘러싼 하나의 암거래 시장이 형성될 가능성이 높다. 이를 막으려면 범죄자와는 애초에 거래하지 않는다는 분명한 원칙을 세워둘 필요가 있다.

11) 임금피크제

임금피크제는 일정 연령이 된 근로자의 임금을 삭감하면서 그 대신 정년까지 고용을 보장하는 제도이다. 임금이 근속년수에 비례에 계속 상승하는 대신 생산성이 최고인 연령에서 절정(피크)에 달한 후 감소하는 방식이다. 미국·유럽·일본 등 일부 국가에서 공무원과 일반 기업체 직원들을 대상으로 선택적으로 적용하고 있으며, 한국에서는 2001년부터 금융기관을 중심으로 이와 유사한 제도를 도입해 운영하고 있다. 공식적으로는 신용보증기금이 2003년 7월 1일부터 '일자리를 나눈다'는 뜻에서 임금피크제를 적용한 것이 처음이다.

어떤 점에 주안점을 두어야 할까?

한국 기업의 임금피크제의 도입은 1998년 경제위기(대한민국의 IMF 구제금융 요청)를 극복하기 위한 구조조정 과정에서 생산성과 인건비용 간의 관계에서 발생하는 기업 경영의 과제를 해결하기 위한 경영자와 근로자 간의 합의의 결과라 볼 수 있다. 기업의 입장에서는 연공제에 의한 임금제도 하에서의 고령자들의 고임금 비용구조로 인한 기업경영의 어려움과 고령 근로자의 입장에서는 정년 보장에 대한 불안감 두 가지가 공존하는 상태에서 임금피크제는 노사 각자가 가진 각각의 과제를 해결하는 공동의 방안이다.

• 찬성: 임금피크제로 정년을 연장하는 것이 더 나은 선택이다. 평균 수명이 늘고 일할 수 있는 생산인력은 점점 떨어지는 현실에서 임금 피크제는 고용 안정에도 기여할 뿐더러, 기업의 숙련 인력이 갑자기 빠져나가는 것도 막을 수 있어서 사회 전체에 이익이 된다.

• 반대: 우리나라는 아직까지 연공서열로 인해 임금이 높아지는 구조이다. 이 때문에 단지 나이가 많은 노동자라고 해서 임금이 상향될 필요는 없으며 이는 사회 전체적으로 봤을 때 낭비에 해당한다. 또한 고령 노동자가 기업에 남아있게 되면 세대교체가 늦어지고, 기업입장에서는 노동정책을 유연하게 할 수 없다는 단점이 있다.

12) 남성 군가산점 문제

제대군인 채용시험 시의 가점부여제도는 병역법 또는 군인사법에 의한 군복무를 마치고 전역한 자에게 취업보호실시기관의 채용시험에 응시하는 경우 시험만점의 5퍼센트 범위 안에서 가점혜택을 부여하던 제도로 헌법소원심판에서 1999년 12월 23일 재판관 전원 일치로 위헌 결정되어 효력을 상실하였다. 2001년 1월 4일부터 병역법 또는 군인 사법에 의한 군복무를 마치고 전역한 자에게 취업보호실시기관의 채용시험에 응시하는 경우 응시상한 연령을 3세의 범위 안에서 연장하는 제대군인의 응시상한 연령 연장제도로 대체되었다.

어떤 점에 주안점을 두어야 할까?

남녀평등이 군 문제도 동일하게 적용해야 하는가가 이번 논의의 중점 사안이다. 군 복무는 대한민국 남성의 특수한 부분인데 이를 기계적 양성 평등의 관점에서 접근해야 하는지를 판단한다. 결과적 평등만 추구하면 오히려 역차별과 불만이 생길 수 있다는 점을 염두에 둔다.

- 찬성: 여성도 군복무를 하면 가산점을 주어야 한다. 남자와 여자가 잘하는 점이 다른데 여자가 잘할 수 있는 점에서 군복무를 통한 가산점이 주어지면 정당하다. 또한 이는 벤처기업에서 양성평등을 통해 사회적 평등을 달성할 수 있다는 점에서도 필요한 제도이다.
- 반대: 특정 성에 가산점을 주는 건 평등 원칙에 위배된다. 같은 건 같고, 다른 건 다르게 하는 것이 평등인데 단지 남성과 여성이라는 이유로 특정한 성을 우대하는 것은 평등원칙에 어긋난다. 오히려 양성평등 문제는 의식개선과 교육으로 달성해야 한다고 본다.

13) 게임 중독

국내 게임사들의 주요 수익원이었던 '확률형 아이템'이 올 상반기의 뜨거운 감자다. 확률형 아이템은 무작위 확률로 저가나 고가의 아이템이 결정되는 상품을 말한다. 게임 '메이플스토리'의 경우, 애초에 나오지 않는 아이템을 나올 것처럼 알려 논란이 더 크게 일었다. '당첨 없는 로또'나 마찬가지인 것이다. 뒤늦게 게임사들은 앞다퉈 실제 아이템이 나올 확률을 공개했지만, 소비자들의 마음은 풀리지 않았다. 당첨이 없는 것이나 다름없는, 그야말로 극악의 확률이었기 때문이다.

인간은 종종 강력한 희열을 느끼면 그것을 다시금 느끼고자 특정 행위에 과도하게 집착하곤 한다. 이는 중독의 기본 원리다. 특히 외부 환경을 자신이 '통제'할 수 있다고 믿으면 더욱 쉽게 중독에 빠진다. 강북삼성병원 정신건강의학과 조성준 교수는 "로또와 같은 복권을 생각해보라"며 "자신이 직접 번호를 선택하는 기회심리로 인해 마치 자신이 확률을 능동적으로 조정할 수 있다는 착각에 빠지게 된다"고 말했다. 하버드대 심리학자 앨런 랭어는 이처럼 자신이 영향력을 행사할 수 없는 상황 속에서도 자신이 통제력을 지니고 있다고 착각하는 것을 '통제의 환상'이라고 지칭했다.

어떤 점에 주안점을 두어야 할까?

통제의 환상은 개인주의 성향이 강한 사람들에게서 더 많이 나타난다고 한다. 이들은 어떠한 사건에 대한 통제력의 근원이 타인이나 외부 조건과의 연관성보다는 '자기 자신'에게 있다고 여기는 경향이 크기 때문이다. 오히려 자존감이 낮은 사람도 확률형 아이템에 쉽게 유혹될 가능성이 있다. 실제 한국게임학회지에 실린 연구에 따르면 확률형 아이템 이용자는 비이용자보다 자존감이 낮은 것으로 나타났다. 이 문제는 게임 중독이 사회에 미치는 피해에 대한 주관적 의견을 분명하게 서술하는 항목이다.

- **찬성**: 게임은 질병으로 보는 것이 맞다. 실제 게임 중독으로 인한 범죄와 사건 사고가 존재한다. 의료계에서 이를 찬성하는 것은 이미 오래된 얘기다. 마치 담배를 못 끊는 사람에게 질병 치료의 관점에서 접근하듯, 게임 중독 또한 질병 대상자에 대한 관점으로 접근하는 것이 필요하다.

- **반대**: 게임은 질병이 아니다. 어떤 증상을 게임으로 인정할지에 대한 기준이 불분명하다. 게임중독은 질병이 아닌 사회, 문화적 현상일 뿐이며, 이러한 사회 현상 원인을 규명하고 극복하는 것이 우선시되어야 한다.

14) 대북 식량 지원

정세현 민주평화통일자문회의(민주평통) 수석부의장이 북한의 경제 상황과 관련해 굶어 죽는 사람들이 나올 것으로 우려하면서 50만 톤 규모의 쌀 지원을 준비해야 한다고 밝혔다.

정 부의장은 tbs라디오 '김어준의 뉴스공장'에 출연해 이같이 밝혔다.

그는 "정부가 그동안 50만 톤까지 줬으니까 그 준비를 좀 해야 될 것"이라며 "쌀을 보내려면 농협 창구에 있는 쌀을 꺼내 방아를 찧어야 된다. 10만 톤을 보내는 데 한 달이 걸리고, 50만 톤을 보내려면 다섯 달이 걸린다"고 말했다.

정 부의장은 북한 내 식량 상황에 대해선 미국의소리VOA 방송, 자유아시아방송RFA, 데일리NK 보도를 토대로 "함경도에서 이미 강냉이 죽도 제대로 못 먹고, 강냉이도 없어 말린 시래기를 대충 끓여서 끼니를 때우는 사람들이 늘고 있다"고 전했다.

특히 정 부의장은 "머지않아 4월이 지나고 5월로 넘어가면 국제사회에서 안 되겠다, 아무리 북핵 문제가 있다고 할지라도 사람 죽는 건

막아야 되는 것 아니냐는 논의가 일어날 것 같다"고 전했다.

이와 관련해 통일부는 같은 날 정례브리핑을 통해 북한의 식량 문제 등 인도적 지원을 검토하겠다고 밝혔다. 이종주 통일부 대변인은 "북한의 먹는 문제와 같은 인도적인 협력은 정치 안보적 상황과 별개로 꾸준히 지속한다는 것이 정부의 일관된 입장"이라고 말했다.

어떤 점에 주안점을 두어야 할까?

북한의 거듭된 도발에도 불구하고 북한에 식량을 지원해야 하는지에 대한 논란이다. 북한 주민들에게 인도적 차원의 지원이 필요하는 입장과, 국제 정세를 고려해 시기 조절이 필요하다는 의견이 팽팽히 맞서고 있다. 이에 대북 식량 지원이 필요한 의의와 필요성을 설명하고, 자신의 의견을 찬성과 반대로 나누어 토론해보는 것이다.

• 찬성: 정부의 대북 식량 지원에 찬성하는 이유는 인도적 지원은 정치와 구분지어야 하기 때문이다. 요즘처럼 전 세계적으로 경제가 발전된 시대에 더 이상 굶주림이 있어서는 안 된다. 또한 식량 지원을 통해 냉각된 북미, 남북관계도 개선될 여지가 있다. 이로써 세계 정세의 선순환 과정을 기대할 수 있을 것이다.

• 반대: 북한에게 지원하는 것은 김대중 정권 시절부터 햇볕 정책이라는 이름으로 오랫동안 지원돼 왔다. 하지만 북한은 그동안 전혀 변하지 않았고 북한 주민의 삶도 변하지 않았다. 이 때문에 식량 지원을 통한 인도적 지원은 어불성설이 되었다. 북한이 먼저 변화하지 않는다면, 이러한 식량 지원이 북한 주민의 실제 삶을 개선하리라는 기대를 하기 어렵다.

3 집단면접 토론 공략

1) 9·19 공동성명과 6·12 공동성명

(1) 9·19 공동성명

9·19 공동성명은 제4차 6자 회담 중 2005년 9월 19일 조선민주주의인민공화국이 모든 핵무기를 파기하고 NPT, IAEA로 복귀한다는 약속을 한 것이다. 또한 한반도 평화협정, 단계적 비핵화, 조선민주주의인민공화국에 대한 핵무기 불공격 약속, 북미 간의 신뢰구축 등을 골자로 하는 선언이다.

(2) 6·12 공동성명

6·12 공동성명은 2018년 6월 12일 싱가포르에서 미국의 트럼프 대통령과 조선민주주의인민공화국의 김정은 국무위원회 위원장이 정상회담을 통해서 발표한 공동성명이다.

생각해 보기

정상회담 발표 이후 6·12 성명은 여러 가지로 논란이 많았다. 특히나 비핵화 문제에서 구체적 대안을 마련하지 안고, 평화와 번영의 북미 관계를 수립, 영속적이고 안정적인 평화체계 구축 등의 문구가 추상적이라는 비판을 받아왔다.

과거 합의를 보면 미국 민주당 빌 클린턴 행정부와 북한 김정일 정권이 지난 1994년 10월에 이끌어낸 제네바 합의의 경우 상호간의 일을 구체적으로 규정한 성과가 있었다. 당시 북한은 플루토늄 추출이 가능한 흑연감속형 원자로 설비를 폐기한다는 구체적 약속을 했다. 또 북미 간 수교와 평화협정 체결 등의 관계 정상화 목표로 담았다.

그런데 2000년 10월 클린턴 정부가 김정일 국방위원장 특사로 방미한 조명록 차수와 함께 발표한 북미 공동 코뮤니케도 당시 기대를 모았었는데, 2001년

공화당 조지 부시 대통령이 집권하면서 이것이 무용지물이 된 바 있다. 이후 2005년에는 9월 19일에 남북한과 미중일러가 제4차 6자회담 중에 9·19 공동성명을 내놨다. 이에 따르면 북한은 모든 핵무기를 폐기하고 현존하는 핵 계획을 포기하며, 핵확산금지조약과 국제원자력기구에 복귀해 안전 조치를 받는다는 내용이다. 이 과정에서 공약과 공약, 행동 대 행동이라는 원칙을 정착시켰다는 평가를 받기도 했다.

하지만 이 또한 북한이 2006년 10월에 1차 핵실험을 하면서 무용지물이 됐다. 이후에는 싱가포르 공동성명이 이뤄져 13년 만에 북미가 외교 협상에 결실을 얻었지만, 이 또한 '한반도의 완전한 비핵화'라는 포괄적 선언에 그쳐서 아쉬움을 자아냈다.

(3) 6·12 공동성명에 대한 의견 표명

- 찬성: 북한과 신뢰를 구축함으로써 한미연합훈련이 중단된 성과가 있었다. 협상을 긍정적인 방향으로 이끌어내기 위해 공동성명이 이루어 졌고 북한이 반대 입장을 제기하면 훈련을 재개하기만 하면 되기에 긍정적인 협약으로 볼 수 있다.
- 반대: 북한이 독재 정권을 계속 이어나갈 빌미를 제공했다고 본다. 북한이 구체적인 조치를 취할 때까지는 미국이 제재 완화나 한미연합훈련 중단 등을 하지 말았어야 한다. 너무 섣부른 판단이라는 비판이 나오는 이유다. 또 공동성명에 북한의 핵미사일 포기 시기와 방식이 없었다는 점도 문제다.

2) 한일 초계기

국방부가 일본이 '2020 국방백서'의 내용을 이유로 주일본 한국대사관 무관을 불러 유감표명을 한 데 대해 "부당한 항의는 받아들일 수 없다"라는 입장을 전달했다고 3일 밝혔다.

국방부에 따르면 일본 방위성은 지난 2일 국방백서가 공개된 직후 우리 대사관 측에 항의 의사를 전했다. 이에 우리 무관은 "백서 기술 내용은 객관적 사실"이라며 반박했다.

일본 측이 우리 국방백서 내용 중 문제 삼은 부분은 크게 두 가지다. 독도를 우리 군이 확고히 수호해야 할 영토로 명시한 것과 2018년 12월 발생한 일본 해상자위대 초계기의 근접 위협 비행사건과 관련해 "(일본이) 사실을 호도하는 일방적 언론 발표를 했다"고 서술한 부분이다.

일본 측은 해당 백서 내용과 관련해 우리 측에 유감을 표시하면서 '적절한 대응'을 요구했다고 전해졌다.

일본 정부는 독도가 1905년 '다케시마'란 이름으로 시마네현에 편입 고시된 "일본 고유 영토"이며 "현재 한국이 불법 점거 중"이라는 억지주장을 펴고 있는 상황이다.

자위대 초계기의 우리 해군함 위협 비행사건과 관련해서 일본 측은 "한국 해군함이 초계기를 향해 공격 직전 행위로 간주될 수 있는 사격통제레이더 가동을 했다"고 주장하며 우리 정부와 진실공방을 벌이기까지 했다.

이번 국방백서에서 국방부는 일본을 2018년에 이어 한 단계 격하된 표현으로 칭했다. '2020 국방백서' 3절 '국방교류협력 확대' 중 '한일 국방교류협력' 부문에서 "일본은 양국관계뿐만 아니라 동북아 및 세계의 평화와 번영을 위해서도 함께 협력해 나가야 할 이웃국가"라고 명시하면서다.

생각해 보기

국방부는 이번 국방백서 내용은 '일본의 태도에 대한 대응'이라는 단호한 입장이다. 국방부 관계자는 백서 발표 전 기자단 대상 설명에서 "외교부 등 관련 부처와 많이 협의했다. 한일 관계를 어떻게 정의하느냐에 차이가 있을 수 있는데 국방부의 입장에서는 이웃국가로 표현하는 게 맞다"며 "2019년 수출규제 이후 문제가 있으므로 국방부 차원에서는 이웃국가로 하는 게 타당하다고 판단했다"고 설명했다.

- 찬성: 실제 무력 공격이 발생하지 않았는데 함정으로부터 추적 레이더가 겨냥되고 있는지를 따져봐야 한다. 그래야만 이를 바탕으로 한일 양국의 행위를 제대로 평가할 수 있을 것이다. 초계기가 광개토대왕함에 실제 위협 비행을 했는지가 중요하다고 본다.
- 반대: 초계기 사건은 당시 군사적 긴장 상태가 없었음에도 적대적 의도의 표출이라고 하는 일본의 주장이 있다. 이에 우리 군이 당시 추적 레이더가 송출되지 않았음을 입증해야 한다. 조난이나 선박 구조 과정에서 적대 의도가 존재하지 않았음을 입증하는 것이 중요하다.

3) 병역 특례 논란

대중문화예술 분야에서 활동하는 연예인 등이 만 30세까지 입영을 연기할 수 있는 법안이 국회 국방위원회 문턱을 넘었다. 국방위는 이날 전체회의를 열고 이같은 내용을 포함한 병역법 개정안 9건을 병합해 위원회 대안으로 의결했다.

9건의 법안 중 전용기 더불어민주당 의원이 발의한 병역법 개정안은 입영 연기 대상자의 범위를 현행 '체육 분야 우수자'에서 '체육·대중문화예술 분야 우수자'로 확장하는 내용을 담고 있다. 빌보드 싱글 차트 1위에 오르는 등 국위를 선양했다는 평가를 받는 방탄소년단BTS 멤버의 병역 문제를 염두에 두고 발의된 탓에 'BTS병역연기법'으로 불렸다. 앞서 국방위 전문위원은 이 법안에 대해 "체육 분야에 허용하고 있는 입영연기제도를 대중문화예술 분야로 확대하는 것은 양 분야 간 형평성 측면에서 큰 문제가 없다"고 평가했다.

BTS 병역 문제는 2018년 자카르타·팔렘방 아시안게임을 계기로 수면 위로 올랐다. 당시 축구 국가대표팀이 아시안게임에서 우승해 손흥민 선수 등이 병역특례를 적용받자 체육인에 대한 병역 특혜 논란이 점화했다. 특히 야구대표팀은 몇몇 선수가 기여도가 떨어짐에도 병역 특례를 위해 선발됐다는 의혹이 제기되며 당시 빌보드200 1위를 달성했던 BTS와의 형평성 문제가 제기됐다. 청와대 국민청원 게시판에도 BTS의 병역 면제를 요청하는 게시글에 쏟아졌다.

생각해 보기

국방부는 이미 한일 월드컵과 WBT 대회를 통해 선수들에게 병역 특례 혜택을 줬다가 문제가 된 적이 있다. 이에 국방부와 병무청은 국위 선양을 근거로 예술과 체육인에게 병역 면제 혜택을 부여하는 것에 대해 신중론이 우세하다.

- 찬성: 국위 선양한 예술인과 체육인은 마땅히 병역 특례를 주어야 한다. 운동선수 병역 특례는 선수들이 나라에 도움이 되기 위해 자신의 인생을 투자한 보상으로 주어져야 한다. 운동선수라는 직업은 다른 직업보다 수명이 짧기 때문에 자신의 능력을 발휘해서 국가에 기여할 수 있는 시기에 병역의 의무를 지우는 것은 합당하지 않다고 본다.
- 반대: 올림픽은 메달을 따기만 하면 되고, 아시안게임은 반드시 금메달을 따야만 병역특례 혜택이 된다는 것부터가 불공평하다고 본다. 만약 올림픽이나 아시안게임에 종목이 없는 선수들은 세계 선수권에서 금메달을 따도 병역 혜택을 받지 못한다. 이렇게 되면 아무런 노력 없이 혜택을 받는 사람이 있을 수 있다고 본다.

집단토론 시 주의사항

집단토론에서는 개인 면접과 달리 다른 사람의 의견에 반대나 찬성 의견을 밝히고, 자신의 주장에 따른 근거를 명확히 주장할 수 있는지를 주로 평가한다. 즉, 지원자의 커뮤니케이션 능력을 보는 것이다. 이 때문에 해당 사안에 대한 지식이 얼마나 풍부한지보다는, 다른 지원자의 의견을 경청하고 본인의 주관을 뚜렷하게 주장할 수 있는지에 초점을 맞춰야 한다.

4 국가관, 안보관, 역사관 면접 주제

1) 을지프리덤가디언

을지프리덤가디언Ulchi - Freedom Guardian, UFG은 2008년까지 을지포커스렌즈Ulchi - Focus Lens로도 알려져 있는 대한민국과 미국간의 합동 군사 훈련이다. 이 군사 훈련의 명칭은 고구려의 을지문덕 장군의 이름에서 유래한다. 한국 전쟁의 휴전이후 북한 조선인민군의 공격을 방어하기 위해 매년마다 시행되고 있다.

2015년부터 시행되는 대한민국의 전시작전권 환수를 위해 대한민국 육군과 해군참모총장에게 작전지휘권을 부여하는 개편안이 2011년도 훈련에 도입되었다. 대한민국군 56,000여 명(+증원군 3,000명)과 미국군 30,000여 명이 동원되었으며, 8월 16일부터 26일까지 10일동안 진행하였다.

을지프리덤가디언UFG은 한반도 우발상황 발생 시 한미 연합군의 협조절차를 숙지하는 한미 합동 군사훈련이다. 현재 한미 연합군사령부 주도로 이뤄지며 실제 병력과 전투 장비 투입 없이 오직 컴퓨터 시뮬레이션으로 전장상황을 가정해 실시한다. 그러나 트럼프 미 대통령 재임 시 한미연합훈련 중단으로 인해 이슈가 되었다. 이때 주의할 점은 북한이 주적이자 한 민족인 만큼 어느 한쪽 편을 들기보다는 양쪽 입장을 두루 언급하고 자신이 지지하는 입장에 무게 중심을 두는 것이 좋다.

2) 대북전단 살포 이슈

대북전단은 대한민국이 조선민주주의인민공화국에게 풍선 등을 통해 전단지, 물품 등을 보내는 행위를 말한다. 반대로, 조선민주주의인민공화국이 대한민국으로 보내는 행위를 대남전단이라고 한다. 원래 이 행위는 대한민국 정부와 군대에 의해 행해진 것이다. 하지만 현대에 있어서는 비정부기구에서도 이루어지고 있다.

미 국무부는 한국의 대북전단금지법에 대해 재검토를 거듭 권고했다.

국무부는 이날 대북전단금지법 시행 이후 처음으로 예고된 전단 살포 계획을 지지하느냐는 미국의소리VOA 방송의 질문에 "우리는 한국이 독립적이고 강력한 사법부를 갖춘 민주주의로서 해당 법을 재검토할 수 있는 수단을 갖고 있다는 사실을 존중한다"고 밝혔다.

미 국무부 대변인실 관계자는 "미국은 전 세계에서 표현의 자유를 증진하고 지지하며, 여기에는 한국처럼 소중한 동맹도 포함된다"며 "자유로운 대북정보 유입과 표현의 자유의 중요성에 대한 우리의 강력한 견해를 전달하기 위해 한국정부와 밀접하게 접촉해왔다"고 했다.

앞서 박상학 자유북한운동연합 대표는 대북전단 50만 장과 1달러 지폐 5,000장, 소책자 등을 북한에 살포하겠다고 예고했다. 통일부는 경찰과 협력해 대응하겠다는 입장이다. VOA는 "워싱턴에서는 대북전단 살포시 최대 징역 3년형에 처하는 대북전단금지법이 실제로 집행될 경우 전단문제를 넘어 한국 민주주의 실태에 대한 우려와 비판이 걷잡을 수 없이 확대될 것이라는 전망이 나온다"고 지적했다.

국제인권 감시단체 휴먼라이츠워치 존 시프턴 아시아국장은 VOA에 "우리는 대북전단 살포에 대해 특정한 입장을 취하지 않는다"며 "하지만 우리가 알고 있는 것은 한국인들은 인권법에 따른 언론의 자유와 표현의 자유를 갖고 있고, 한국인들의 활동을 통제하려는 한국정부의 노력은 자국민의 인권을 침해한다는 사실"이라고 말했다.

생각해 보기

표현의 자유를 보장할 것인지 아니면 국가 기밀에 대한 부분으로 규제할 것인지에 대한 논란이다. 전단 살포로 국제사회 관심을 유도해 북한의 인권 상황을 대외적으로 알린다는 입장도 있다. 이로써 북한 주민의 인권을 개선한다는 것이다. 그러나 2015년 1월 의정부지법 민사9단독 김주완 판사는 북한동포직접돕기 운동 대북풍선단장인 이민복 씨가 대북 전단 살포 방해로 입은 정신적 피해에 대해 배상금 5천만 원을 지급하라고 국가를 상대로 낸 손해배상청구를 기각했다. 법원은 판결문에서 "대북전단 살포로 우리 국민의 생명과 신체가 급박한 위험에 놓이고, 이는 기본권을 제한할 수 있는 '명백하고 현존하는 위협'으로 본다"며, 기각 사유를 밝혔다.

국가란 어떤 의미인가?

→ 국가의 구성 요소는 영토, 국민, 주권이며 국가의 역할은 국민의 안
전 보장과 삶의 질을 향상시키는 것이며, 어떠한 경우에도 내가 지
켜야 할 가족과 같은 존재이다.

대한민국의 정통성은?

→ 3·1운동의 정신과 임시정부의 법통은 계승했다는 의미에서 역사적
정통성을, 자유민주주의와 시장경제 체제를 표방하고 있다는 면에서
정치적 정통성을, 유엔과 미국을 비롯한 50여 개국으로부터 승인받았
다는 점에서 국제적 정통성을 갖추고 있다.

군인에게 충성심이란?

→ 충성이란 '진실한 마음으로 자신의 정성을 다하는 것'을 의미한다.
충성은 군인의 가장 중요한 덕목이며, 진정한 충성은 국가에 대한 충
성, 상관에 대한 충성, 임무에 대한 충성으로 이어진다고 생각한다.

간부로서 군복무의 의미는?

→ '위국헌신, 군인본분'의 뜻처럼 안보와 국민의 생명을 지키는 신성한
임무를 수행함으로써 국가와 사회로부터 높은 가치를 인정받을 수
있다는 점에서 큰 의미가 있다.

**군에서 용사들이 핸드폰을 자유롭게 사용할 수 있게 하는 것에 대해 어떻
게 생각하나?**

→ 용사들이 군 생활을 하면서 핸드폰을 사용할 수 있다는 것에 대해
찬성한다. 걱정되는 것도 있지만, 사용규정을 정하고 교육한다면 실
보다 득이 많다고 생각하며, 용사들이 군 복무를 긍정적으로 받아들
이고 임무 수행을 잘 할 수 있게 하는 방법 중에 하나라고 생각한다.

PART

03

학교생활 및 자기소개서

1. 합격 자기소개서 어떻게 쓸 것인가?

2. 이렇게 작성하면 된다!: 합격자 작성 사례

PART 03

학교생활 및 자기소개서

1 합격 자기소개서 어떻게 쓸 것인가?

자기소개서는 서류 전형에서 얼굴이라고 불릴 정도로 중요한 요소이다. 면접 평가 때도 자기소개서를 토대로 한 질문이 많이 나오기 때문에 이때 당황하지 않으려면 자기소개서 작성 시 매우 신중하게, 전략적으로 자기 자신을 어필할 필요가 있다.

1) 자기소개서 작성 시 주의할 점

애매모호한 추상적 표현은 뺀다.

자기소개서 작성 시 보통 추상적인 에피소드를 많이 넣는 경우가 많다. 전에 어딘가에서 한 번 봤을 법한 내용으로 작성하는 경우가 여기에 해당한다. 예를 들어 이런 문구이다.

> 저는 대학에 입학할 때부터 병원 영업을 염두에 두고 학과 진학을 선택했습니다. 고등학교 시절 내내 바쁜 아버지를 대신해 몸이 아프신 어머니를 모시고 병원에 다니면서, 병원에 관한 많은 것을 알게 된 게 계기였습니다. 이 때문에 저는 일찍이 의료수가와 병원마케팅을 현실적인 문제로 받아들였고 의료경영학과 진학이 자연스러웠던 것입니다.

이렇듯 추상적인 것보다는 최대한 구체적으로 작성하는 것이 더 효과적이다. 어떤 에피소드를 언급할 때는 육하원칙에 맞게, 그 상황을 세밀하게 묘사한다는 생각으로, 그때 본인이 느꼈던 감정과 상황

설명, 그리고 느낀 점 등을 구체적으로 서술하면 상대방을 설득하기가 쉽다.

2) 기승전결로 깔끔하게 표현한다.

문장은 두서가 없거나 정리가 되어 있지 않으면 안 된다. 처음 글을 쓸 때는 대부분 이처럼 글 순서와 내용이 엉킬 수밖에 없기 때문에 여러 번 수정을 통해 글을 다듬고 또 이를 면접 시 발표할 때는 어떤 순서로 발표할지도 미리 염두에 두어야 한다. 아래는 이런 형태로 정리한 좋은 자기소개서 작성의 예시이다.

> 저는 어린 시절에 대한 얘기를 할 때 늘 어머니를 언급하곤 합니다. 계란판매 영업직으로 일하셨던 어머니께서는 아버지가 새벽에 일을 나갈 때 밥을 차려주시고는, 저와 동생들을 학교에 보내고 난 뒤 직장에 나갈 정도로 생활력이 강하셨습니다. 초등학교 때 어머니께서 일이 바쁜데도 급식봉사를 오셔서 학교 교무부에 계란을 납품 계약을 따내시는 모습을 보고 감탄했던 적도 있습니다.
>
> 늘 "먼저 희생하는 사람이 주도권을 쥔다"고 하셨던 어머니는 제가 이미 중학교 때 지인이 운영하는 주유소에서 일을 시키셨을 만큼 저에게도 자립심을 강조하셨습니다. 중학교 3년 동안 틈틈이 알바를 하며 모은 돈으로 고등학교 육성회비를 모두 제 돈으로 충당하기도 했습니다. 어머니 덕분에 저는 천 원 한 장이 얼마나 벌기 힘든 돈인지, 그리고 천 원이 모이면 얼마나 큰돈이 될 수 있는지 비로소 알게 되었습니다.

3) 전체적으로 하나의 유기적 스토리로 만든다

성장과정과 포부, 성격 등이 항목별로 구분되어 있더라도 전체적으로는 하나의 유기적 스토리로 엮어 내야 한다. 그렇게 하기 위해서는 자기소개서의 컨셉이 필요하고, 그 컨셉에 따라서 원고를 쓰는 연습을 해야 한다. 자기 자신을 한마디로 표현하면 어떤 사람이 될지, 그리고 그런 성격을 드러낼 만한 스토리로 어떤 것을 넣으면 될지 생각해보고, 에피소드와 자기소개서 원고를 준비하는 것이 좋다.

2 이렇게 작성하면 된다!: 합격자 작성 사례

〈작성된 사례 #1〉

가정 및 성장 환경

저는 활동적인 일에 재미를 느끼고 열정을 느끼는 편입니다. 어렸을 때부터 국가대표 선수가 되는 게 꿈이었었고 축구를 좋아해서 초, 중학교 때 축구 동아리 활동도 했습니다.

행복한 인생은 일과 삶을 적극적으로 즐기며 사는 것이라는 생각에 저의 모토 역시 '카르페디엠'입니다. 하지만 너무 경쟁을 의식하는 성격과 혼자 몰두하면 주변 환경을 둘러보지 못하는 점은 단점이라고 생각해, 평소에 조언을 해주는 친구를 가까이 두고 주변 사람들에게 제 의견에 대한 조언을 구하는 편입니다.

자아표현

이러한 노력을 시도한 사례는 제가 호주 유학을 갔을 당시, 호주에서 생활비를 구하기 위해 현지 농장에 취업해서 일했던 경험입니다. 다른 사람들은 두 달을 채 버티지 못할 정도로 노동 강도가 센 그곳에서 저는 10개월을 묵묵히 일하면서 제 자신과의 싸움을 이겨냈고, 사장님에게 호주 세컨비자를 얻어줄 테니 같이 계속 일을 해보자는 제안을 받을 정도가 될 수 있었습니다.

지원동기 및 포부

제가 생각하는 성공은 즐기면서 할 수 있는 일로 사회에 공헌하는 것입니다. 만약 제가 저의 성공과 다른 사람의 성공을 함께 돕는다면 이상적인 회사의 모습 또한 자연스럽게 따라올 것이라고 생각하며 이는 장교 임관을 통해 실현될 수 있을 거라 생각합니다.

제가 3사에 지원한 이유는 첫째, 비전이 있기 때문입니다. 남자라면 한 번쯤 자기 자신을 완성시켜주는 강도 높은 엘리트 교육을 받아야 한다고 생각합니다. 이 과정을 마치고 국가에 봉사하거나 지역 사회에서 일하거나 이 사람은 이 시대에 꼭 필요한 인재가 될 수 있다고 생각합니다.

저는 좋은 직업이란, 구성원 모두가 기본에 충실한 곳이며, 구성원들 스스로가 얼마만큼 노력하느냐에 달려있다고 생각하며 개인적으로 이 점이 가장 중요한 부분이라고 생각하기에 임관 후에도 배움과 자기계발을 멈추지 않는 '똑 부러진' 사람으로 인정받고 싶습니다.

〈작성된 사례 #2〉

성장배경과 특성

제가 어릴 때부터 사람답게 살기 위해 배운 중요한 가치는 '믿음'입니다. 누군가 나를 믿어준다는 것은 그 사람을 응원하는 가장 좋은 방법입니다. 저는 어릴 때 부모님이 제가 사춘기 시절부터 고등학교를 졸업할 때까지 한 번도 저에게 훈계를 하지 않으셨습니다. 부모님에게 의견을 물어봐야 할 일도 '네가 선택하는 것이 중요하다'고 말씀하실 뿐이었습니다. 저는 그런 부모님이 저를 잘못해서 혼을 내는 것보다 더 엄격하게 느껴졌고, 제 인생은 스스로 책임져야 한다는 것을 배운 계기가 되었습니다.

지원동기

　저는 새로운 일을 시작할 때 항상 '제로'부터 시작한다고 마음먹습니다. 대학 전공과 다르지만, 의류 쪽에 관심을 가졌고 결국 영업 일을 하는 등 새로운 일을 시작할 때마다 제 스스로를 비웠습니다. 그리고 성과를 만들어냈습니다.

　제로의 게임의 꽃이 바로 군인이라고 생각합니다. 당장 관련이 없는 분야처럼 보이는 진로를 변경했을 때, 제로부터 시작했다고 생각합니다. 그리고 3년간의 노력과 현재에 안주하지 않고 차별화된 역량으로 매년 성장을 만들어왔던 점을 토대로 새로운 도전을 받아 이번 3사 임관 도전을 결정했습니다.

가정 및 성장 환경

　어릴 적부터 부모님에게 교육받기를 아무리 힘든 상황에서도 남을 돕는 사람이 되라는 말을 듣고 자라, 학창시절에도 도시락을 못 싸온 친구에게 점심 도시락을 양보할 정도로 남을 긍휼히 여기는 마음을 가지고 살아왔습니다.

　평범한 가정환경이었지만 부모님께서 저를 믿어주시고 정직과 우애를 강조하셔서 나이가 든 이후에도 거짓말을 잘 못하는 성격입니다. 사람 사귈 때 진심으로 대하고 작은 인연이라도 소중히 대했기 때문인지, 지금도 저의 가장 큰 재산이라면 돈보다는 저를 믿어주고 지지해주는 봉사동아리 회원들과 사랑하는 가족들입니다.

지원동기 및 포부

　저는 학창시절부터 책을 참 좋아했습니다. 오헨리 단편선부터 친구들이 잘 읽지 않는 막심고리끼 같은 러시아문학까지 질리지 않고 읽었었는데, 아마도 그곳에 사람사는 이야기의 희노애락이 모두 담겨 있어 즐거움을 느꼈던 것 같습니다. 제가 가장 좋아하는 작가는 도예토프스

키입니다. 가난한 환경에서도 항상 사람의 본분이 무엇인지를 생각하는 작가의 마음을 닮고 싶었습니다.

남을 속이지 않고 사람을 대할 때 진심으로 대하면 어느 곳에서 일해도 환영받을 수 있는 생각으로 여지껏 살아왔습니다. 그런 마음으로 3년 전부터 속초시 행복지킴이모두가족봉사단에서 활동을 해오기도 했습니다. 생활이 여유롭지 않더라도 나보다 어려운 사람을 도와야 한다는 생각이 있었기에 매주 토요일마다 노인요양원봉사를 다니며 어르신들에게 마사지를 해드리거나 문화공연 봉사를 해드릴 수 있었습니다. 어르신들이 저를 딸처럼 대해주시고 저도 친정엄마, 아버지 대하는 마음으로 정성스럽게 돌봐드리면서 지금은 가족처럼 지내고 있습니다.

이에 육군3사관학교에서도 국가와 타인을 위해 봉사, 헌신한다는 보람과 사명감으로 일할 수 있겠다는 강한 확신이 듭니다.

PART

04

부록

합격후기 사례집
육군3사관학교 입시 Q&A

합격 후기 #1.

"면접은 정답보다는 소신껏 답변해야"

체력측정은 1.5km 달리기 하고 조별로 번갈아가며 했던 것 같습니다. 그리고 윗몸일으키기와 팔굽혀펴기를 하는 동안, 윗몸일으키키 80개를 약간 넘기니 1급, 팔굽혀펴기는 64개 넘으면 1급을 받았습니다. 체력 측정이 끝나면 면접장으로 가서 주의사항과 진행순서를 들은 다음, 개인 자유시간을 가졌습니다.

이때 상사와 중령이 있었고 분위기는 꽤 삭막했던 기억이 납니다. 토론실에 들어가면 주제를 제비뽑기로 정하는데요. 개별주제와 집단토론주제에 응하게 됩니다. 제 경우 나온 주제가 나온 게 나는 우리나라 최초 여성비행사인 권기옥 조종사에 관한 문제였습니다. 이분처럼 일제강점기에 독립운동가들처럼 내가 일제에 살았다면 어땠을지 발표하라는 내용이었죠.

집단토론은 우리나라 음식들이 SNS나 인터넷 TV를 통해 우리나라 술과 안주에 관심을 갖는 상황에서 소주와 삼겹살, 치킨과 맥주 중에서 외국인에게 추천하고 싶은 조합은 무엇인지 발표하는 주제였습니다. 이 주제에 대해 A4 용지에 25분간 정리한 다음, 면접장 앞에 앉아서 1명씩 개별주제를 발표했습니다. 2면접장에서 있었던 일입니다.

3면접장에서는 인성면접을 봤습니다.

분위기는 대체로 좋았고 남자 대령과 대위 한 사람이 있었습니다. 질문은, 장교의 역할이 무엇인지. 그리고 장교의 덕목은 무엇인지. 최근 감명 깊게 본 영화나 책은 무엇인지. 이렇게 3가지 질문을 물었습니다. 다행히 답변을 무난하게 했고, 제 생각에는 소신껏 답변하면 팩트를 물어보거나 하지는 않고 본인의 주관이 뚜렷한지를 중요하게 보는 것 같다는 생각이 들었습니다.

합격 후기 #2.

"팔굽혀펴기는 자세가 가장 중요합니다"

체력시험은 보통 1.5km 달리기, 윗몸일으키기, 팔굽혀펴기 순으로 진행됩니다. 체력시험은 총 70명 정도 봤는데 사람이 많아서 35명씩 1조, 2조로 나눠서 봤습니다. 시험 본 결과는 1급, 1급, 8급이 나왔는데요. 팔굽혀펴기는 자세가 정말 중요합니다.

윗몸 자세가 이상하면 중지시켜서 다시 하라고 하죠. 팔굽혀펴기는 한 번 정리되면 그때까지 한 기록이 전부입니다. 윗몸일으키기는 한 번 기회를 더 주더군요. 팔굽혀펴기는 한 번밖에 기회가 없으니 조심하세요. 자세가 정말 중요합니다.

2면접장에서는 들어가기 전 토론준비실에서 개발질문과 토론질문을 받아서 작성 후 들어가는 방식이었습니다. 제 경우는 개별 질문은 평화를 위해 군대를 조직해야 하는지에 대한 질문을 받았습니다.

토론질문은 특정 병사가 무릎 통증을 느낀다고 하는데 이걸 임무에서 제외시켜줘야 하는지에 대한 질문이었는데 특수한 상황이라 다소 당혹스럽기도 했습니다.

제3면접장에서는 상사와 소령이 계셨는데요. 이때 지원동기와 자기 단점을 말하라고 하는데 상당히 민망하더군요. 또 최근에 스트레스 받는 건 없었는지 묻는 질문도 있었는데 나름 소신대로 답변을 하긴 했습니다.

마지막 제1면접장에서는 남자 상사와 소령이 있었는데 제 경우에는 여기서 질문들이 대부분 어려웠습니다. 저의 할아버지가 6·25 참전 용사였는데 할아버지에게 들은 얘기가 있었는지 묻더군요. 군인과 경찰의 다른 점이 무엇인지 등도 물어봤었습니다. 전쟁 나면 참전할 건지도 질문 사항이었고요. 체력 시험을 보고 난 결론은 자세가 중요하다는 것이고. 그리고 면접은 자신감이 핵심이라는 겁니다. 내용을 잘 몰라도 자신감 있게 발표하면 대부분은 좋은 점수를 받을 수 있습니다.

합격 후기 #3.

"장교에 지원한 이유, 지원동기로 자주 언급"

친구들과 버스를 타고 이동 도착해 짐을 풀고 곧바로 밥을 먹었습니다. 면접일 당일 일찍 가서 7시에 도착했는데요. 가장 먼저는 체력 측정 순서였습니다. 바로 1.5km를 뛰었다가 들어와서 10분 쉬고, 윗몸일으키기를 하고, 5분 쉬었습니다. 면접 순서는 2 - 3 - 1이라고 해서 그 순서로 갔습니다.

2면접장 질문은 제비뽑기로 결정했습니다. 개인발표는, 다이너마이트를 만든 알프레드 노벨의 일화를 예시로, 군인으로서 가치 있는 삶에 대해 발표하는 것이었습니다. 집단 토론 주제는 1소대 1분대장이 민간인으로 보이는 소년에게 전투 식량을 나눠주고 돌려보냈는데 잠시 후 그 소년이 북한군과 접선 중이었을 때, 그럼 그 소년을 민간인으로 볼지, 적군으로 볼지 판단하는 내용이었습니다.

2면접장 분위기는 다소 딱딱했다면, 3면접장에서 분위기는 화기애애했습니다. 거기서 나온 질문은 장교의 역할이었습니다(제가 보니 이 질문이 꽤 많이 나오는 것 같습니다). 장교의 덕목은 친구가 내 뒷담화했다는 걸 알면 어떻게 대처할지에 대한 부분입니다. 1면접장에서는 장교에 지원한 이유를 물었고, 가장 힘들었을 때와 그리고 장교에 지원한 이유를 물어봤습니다. 리더십이 뭔지, 좌우명이 뭔지에 대한 질문도 나왔습니다.

합격 후기 #4.

"면접 때 후속 질문에 주의하세요"

육군3사관학교에 도착 후 각자 수험표 겸 번호표를 부여받았습니다. 그리고 체력평가를 위해 영내로 진입했습니다. 순서는 1.5km 달리기가 먼저였는데요. 팔굽혀펴기의 경우, 감독관들이 카운트를 까다롭게 합니다. 저는 노카운트가 다행히 없었습니다. 체력평가 끝나고 1시 반까지 3시간 동안 점심시간이라 친구들과 사온 빵을 먹었습니다. 시간이 많이 남아서 면접준비를 더 했던 기억이 납니다.

2면접장에서 주제는, 개별 주제발표로 북한 인권유린 사례를 제시했습니다. 집단토론 주제는 부모가 자식에게 공부를 강요하는 게 옳은 일인지 였고, 조별토론에서 조 전원이 반대의사를 표해서 면접관과 토론했습니다. 면접관 님은 정말 달변이셨습니다.

3면접장에서는 군인의 덕목에 대한 질문이 나왔습니다. 저는 이 질문에 충성과 용기가 가장 중요하다고 답변했는데, 과거에 이런 사례가 있었는지에 대해 후속 질문이 와서 약간 당황했네요. 마지막은 1분 자기소개를 했는데, 마지막에 책 읽는 걸 좋아한다고 했더니 그럼 가장 기억에 남는 책과 그 중에 한 대목을 얘기해보라고 했습니다. 가난한데 돈이 필요한 용사가 있다면 어떻게 할 건지도 질문을 받았었네요.

합격 후기 #5.

"집단토론 주제가 다소 난해했습니다"

면접이 정말 중요한 시험이었다고 판단합니다. 면접은 2, 3, 1 순서로 진행되었는데요. 2면접장에서는 서로 의견을 존중하되, 상대 의견에 대해 이의 제기를 하는 등 함께 시험을 본 분들과 어울려 분위기가 좋았습니다. 개별 주제는 '평화를 위해서는 전쟁을 준비하라'였는데요. 현재 평화롭긴 한데 군이 왜 필요한지에 대해 발표하는 시간도 있었죠.

집단 토론 주제는 주제는 제가 느끼기에는 좀 난해했습니다. 상급 부대에서 저희 부대 필요사업 보고서를 제출하면, 남은 예산을 지원하겠다는데 이때 민원을 해결하는 민원 관련 사업이 있으면 어떤 사업을 진행해야 할지에 대한 문제였는데 정말 난해했습니다.

3면접장에서는 먼저 1분 동안 자기소개를 하라고 했습니다. 이후 질문이 조금 의외였는데요. 가족 간 갈등이 있을 때 어떻게 해결했는지, 장교라는 직업을 선택한 이유에 대해 설명하는 경우도 있었고 1면접장에서는 장교로서 갖춰야 할 덕목을 물어보기도 했습니다.

합격 후기 #6.

"FM대로만 하면 거의 합격하는 듯"

평소 연습한대로 FM대로만 했더니 문제가 없었습니다. 체력 평가의 경우 다행히 노카운트가 없었습니다. 면접 때는 대답하기 어려운 건 없었고, 고교 출결이 안 좋아서 언급된 것 말고 대답하기 어려운 질문도 없었습니다. 면접장별로 받은 질문을 차례대로 말씀드리자면, 1면접장에서는 장교 지원동기를 물어봤고, 존경하는 인물이 누군지 발표하는 시간이 있었습니다. 또 장교로서 갖춰야 할 덕목에 대해 질문을 받기도 했습니다. 2면접장에서는 개별 주제 발표를 했는데요. 이때 양성평등이 이뤄지려면 어떻게 해야 하는지, 교육할 때 3, 4기 해병대처럼 6·25 전쟁 도중 자진해서 입대한 여군의 예시를 들면서 양성평등 교육을 하면 어떨지 등에 대해 발표하기도 했습니다.

집단 토론 주제에 대해서는 나는 10명의 부하를 거느리고 있는 팀장인데, 훈련 중 소대장은 A코스로 가자고 하는데 그러면 저녁 안에 가기 힘들고, B코스는 완만한 길이고 용사들도 모두 부소대장 말에 찬성한다면 나는 어떻게 대처할 것인지와 같은 일종의 상황극에 대한 토론이 있었습니다. 제가 보기에 답이 딱 정해져 있는 질문은 아닌 것 같고 평소 생각한 바를 더듬지 않고 분명하게 말하면 문제가 없는 듯합니다.

합격 후기 #7.

사회적 이슈 미리 파악하고 가야

체력시험을 봤을 때 비가 정말 세차게 왔었는데, 더 좋은 조건이라며 말하시던 교관님의 말씀이 기억나네요. 저는 3급 나왔는데, 다들 정말 괴물이신지 거의 중하위권 성적이었습니다. 체력시험은 유일하게 불합격이 있으니 꼭 준비하시기 바랍니다.

면접은 저한테는 특별히 대답하기 곤란한 질문은 없었습니다. 그 밖에 발성이나 발음, 걸음걸이 등의 면접이 있었고 토론면접장에서는 카풀제도에 관한 찬반의견이 나왔습니다. 중요하게 다루는 사회적 이슈를 주제로 삼는 것 같습니다.

마지막 4면접장인 생도대장분과의 면접에서 꼬리에 꼬리를 무는 질문 같은, 훅 들어오는 질문이 많았습니다. 그래도 전체적으로 준비만 잘한다면 크게 어려움 없이 합격하실 겁니다!

합격 후기 #8.

"생기부 미리 보고 가면 유리"

들어가자마자 신체검사를 하고 인성검사를 하고 각종 체력검정을 마치니 하루가 순식간에 지나가고 숙박을 하면서 같이 지원한 동기생들과 여러가지 이야기로 하루를 보냈죠.

다음날 또 체력검정을 진행하고 면접시험을 치루고 나서야 3차시험이 종료되었어요.

면접은 대답을 못할 정도의 질문은 없었던 것 같고, 고교 출결 문제 살짝 언급했습니다. 자기 생기부 정도는 보고 가야 할 것 같더군요. 면접 순서는 1 → 2 → 3 면접장 순서로 진행되었습니다.

체력에 대해서는 꾸준히 운동을 했기에 자신감이 넘쳐 걱정이 되지 않았습니다. 저는 이렇게 3차까지 마치고 최종합격을 기다리는 동안 매일매일이 설레였죠. 결국 최종 합격했습니다.

예비생도는 모집수가 100명이 조금 넘는 반면 육군3사관학교 정시생 모집수는 500명이 넘어서 그만큼 경쟁률을 줄이기 위해선 정시생도로 가면 좋겠다는 생각도 들었습니다.

••• 보.너.스

이것만 체크해도 최소 30점 이상은 거져 얻는다!!!

첫째, 체력검정 시 주의할 점

정확한 자세가 중요하다. 나에게 익숙하고 편안한 자세라고 해도, 감독관이 FM이라고 생각하는 자세대로 즉시 바꿀 수 있는 유연함을 갖춰야 한다. 특히 육군사관학교는 가슴에 센서를 부착해서 팔굽혀펴기 횟수를 측정하기 때문에 정확한 자세가 더더욱 중요하다.

검정 중에는 너무 급하게 개수를 올리려고 하기보다는 시간 활용을 잘해 완전하게 검정을 마무리하는 게 더 중요하다. 팔굽혀펴기도 너무 빠르게 하지 말고 잠깐잠깐 쉬면서 정확한 자세를 잡는 데 중점을 둔다.

쉴 때마다 우리 몸은 스트레스를 받는다. 스트레스를 받으면 근육이 위축되기 때문에 제 실력을 발휘하기 어렵다. 이 때문에 초콜릿과 간식, 커피 등을 챙겨가서 휴식 때마다 챙겨먹으면 좋다. 단, 주의할 것은 커피인데, 커피는 너무 자주 마시면 검정 중 소변이 마려우니 주의한다.

둘째, 시험장 들어설 때 주의할 것!

시험장에 들어서는 순간부터 면접을 대비해야 한다. 품행을 단정히 하고 말투를 주의해야 한다. 군 생활을 오래한 분들이 면접을 보기 때문에 명찰 이름을 외워두었다가 평가에 반영할 수 있으므로 휴식 시간, 식사 시간, 대기 시간에도 주의하는 게 좋다.

셋째, 차분한 마음을 유지

평정심은 정말 중요하다. 아무리 열심히 준비했다고 하더라도, 시험 당일 평정심을 잃으면 그동안 준비했던 것이 물거품이 될 수 있기 때문이다. 이를 위해서는 전날 일찍 숙면하고, 시험 당일에는 간단한 아침 운동으로 뇌가 활성화되도록 하는 게 좋다.

넷째, 시험장에서 간단히 읽어볼 자료 준비

평소에 족보처럼 정리된 자료를 준비해두었다가 면접 전 핵심 자료를 훑어본다. 특히 시사 관련 이슈는 금방 잊기 쉬우므로 틈틈이 읽어보고, 자기소개서 내용을 다시 점검하는 것도 중요하다. 평소에 충분히 암기했다고 하더라도 막상 현장에서 머릿속이 하얘지는 현상이 생기기도 한다.

다섯 째, 이전 시험에 연연하지 마라

앞에 면접을 잘 못 봤다고 뒤의 면접이 영향을 받을 필요는 없다. 대부분 평가관이 다르기 때문에 뒤 면접 평가관은 앞 면접 내용을 모른다. 만약 앞의 면접을 잘 못 봤더라도 다시 시작한다는 마음가짐으로 면접에 임하면 실패할 확률이 줄어든다.

육군3사관학교 입시 Q & A

1 육군3사관학교는 어떤 곳인가?

대학 3학년 편입 사관학교: 장차 軍을 이끌어 나갈 지성과 지도력을 갖춘 훌륭한 인재를 양성하는 특수목적대학으로 대학에서 1, 2학년 생활 후 육군3사관학교에 3학년으로 편입하여 사관생도 2년을 교육하는 과정

□ 대학 3·4학년 과정(2년 간)의 학위교육 실시
　○ '知·德·體'가 조화된 학위교육 실시
　　• 일반학, 훈육, 군사학 교육을 통한 지·덕·체의 균형적 발전
　　• 전국 일반대학교와 동일 수준의 우수한 교수진 확보
　　　※ 졸업과 동시에 2개 학사학위 수여: 일반학·군사학
　○ 정보화 시대에 부응한 전문화 교육
　　• 고급 수준의 영어회화 및 군사영어 교육으로 연합작전능력 배양
　　• 엑셀, 파워포인트 등 전산 교육을 통한 업무수행능력 부여
　　• 대학 2년＋3사교 2년의 2＋2제도로 대학 3학년 편입 사관학교
　　• 교육비용은 전액 국비로 지원되며, 소정의 사관생도 품위유지비 지급
　　　－3학년: 770,190원 / 4학년: 864,690원
□ 탁월한 능력과 도덕적 품성, 강인한 체력과 정신력, 무한히 발전할 수 있는 잠재력, 각 분야의 핵심 역량을 구비한 경쟁력 있는 장교(직업군인) 양성

2 생도생활을 통해 얻을 수 있는 보람

생도로서의 멋과 낭만을 향유하고 지·덕·체의 균형적 발전과 리더십 배양을 통하여 어떤 환경에서도 성공할 수 있는 경쟁력을 갖추며, 인생의 중요한 문제들을 스스로 해결할 수 있다.

□ 젊은이로서의 멋과 낭만, 패기와 열정이 넘치는 삶을 구현
□ 조직에서 성공할 수 있는 경쟁력 배양
  ○ 일반학사(이·공·문학사)와 군사학사의 2개 학사학위 취득
    ※ 석사과정 진학을 위한 전공지식과 군사전문가로 성장할 수 있는 잠재력 배양
  ○ 성공의 필수요소인 불굴의 의지와 정신력 및 강인한 체력 연마
  ○ 더불어 살아가는 공동체 정신 함양
  ○ 부하를 지휘할 수 있는 리더십 및 논리적 의사표현 능력 배양
  ○ 세계 공통언어인 영어회화 및 제2외국어 능력 구비
  ○ 정보화 시대를 선도할 수 있는 전산능력 배양
  ○ 구기운동 기량 배양 및 태권도 2단 이상의 무도능력 구비
  ○ 문화체육활동을 통한 취미생활과 특기 계발
    ※ 인생의 여러 가지 중대한 문제를 스스로 해결할 능력 배양

3 생도생활은 어떻게

초현대식 생활관과 최첨단 교육시설에서 생활 및 학위교육을 받게 되며, 전문가에 의한 웰빙 식단과 건강 프로그램으로 관리하고 품위유지비를 받으면서 대학공부를 마칠 수 있다.

□ 쾌적하고 안락한 생활환경 및 제도
  ○ 현대식 생활관: 학습실, 세탁 / 샤워실, DVD방, 독서실 등
  ○ 생도 자치제에 의한 자율적인 내무생활
  ○ 정기적인 외출, 외박, 휴가제도
  ○ 매주 수요일 문화체육 활동
□ 최첨단 교육시설 및 교육장비 구비
  ○ 스마트형 강의실, 최첨단 어학실, 시청각 교육실, 전산실, 무선인
    터넷을 활용한 유비쿼터스 교육시스템 구축
  ○ 디지털화된 도서관 및 현대식 이·공학 실험실
  ○ 종합체육관(수영장, 헬스장, 농구장, 무도장 등)
  ○ 동양 최대의 잔디 운동장, 골프연습장, 테니스장, 풋살장, 국궁장 등
□ 웰빙 식단으로 신세대 선호 메뉴 편성
  ○ 전문조리사에 의한 식단 구성
  ○ 1식 4찬, 후식(과일, 주스), 우유, 증식 제공
□ 교육비용 전액 지원
  ○ 임관 소요 예산(개인당): 약 1억 2천여 만원
    ※ 민간대학 2년 과정 교육 시 개인 부담비용: 약 3천여 만 원

4 졸업(임관)후 가질 수 있는 VISION

자신의 노력과 능력에 따라 고급장교로 진출할 수 있으며 석·박사 학위를
취득하여 각 분야별 전문가로 성장할 수 있다.

□ 임관 후 군 생활에 대한 VISION
  ○ 임관 후 본인이 원할 경우 대부분 장기복무(약 70~80%)
  ○ 계급별 복무기간, 보수 / 직급

계급	복무기간	주요직위	직급비교 (일반 공무원)
소·중위	1~3년	소대장	7~6급
대 위	7년	중대장	5급
소 령	6년	참 모	4급
중 령	5년	대대장	3급
대 령	4년	연대장	2급
장 군	별도 적용	사·여단장	1급~장관급

　ㅇ 주택 지급: 독신자(독신자 숙소), 기혼자(아파트 / 관사)
　ㅇ 장기 복무 결정(임관인원의 75~80%), 소령 이상 19년 6개월 근무 시
　　연금 수혜 예정
　　※ 장기복무 선발된 인원은 소령으로 진출하지 못해도 연금수혜
　　　가능(장기복무자의 70% 이상이 소령 이상 영관장교로 진출)
　ㅇ 중령 이상 진급 시 최소 30년 이상 근무: 평생직장
　　※ 현재까지 190여 명 장군으로 진출
□ 석·박사학위 취득 및 각 분야별 전문가 임무수행 기회 부여
　ㅇ 국내·외 민간대학원에 진학하여 국비로 석·박사학위를 취득할
　　수 있는 기회가 폭넓게 부여됨
　ㅇ 석·박사학위 취득 후 특정분야 전문가(교수, 방위사업청, 정책부서)로
　　진출
□ 개인의 능력에 따라 우방국 국방무관으로 파견되어 군 외교관 역할
　수행 가능
□ 미국 등 우방국의 군사학교에 유학하여 다양한 교육을 받을 수 있음
□ 전역 후 군 관련 업무 계속 종사 가능
　ㅇ 군사학과 교수, 비상기획관, 예비군 지휘관, 군무원 등
　　※ 사관학교 교육과 군 생활을 통하여 습득한 장교단 5대 가치관

(충성, 용기, 책임, 존중, 창의)과 리더십, 정신력, 추진력, 결단력, 조직력, 행정능력은 현대사회에서 성공의 요건이 됨

5 육군3사관학교는 어떤 사람을 원하는가?

도전정신과 진취적 기상을 지닌 사람으로서 국가와 민족을 위해 헌신·봉사하고 국가안보와 통일의 주역이 되어 군과 사회의 대표리더가 되고자 하는 사람을 원한다.

□ 세계적으로 우수한 유명 대학교들은 학업성적만으로 학생을 선발하지 않음. 육군3사관학교도 학업성적만을 기준으로 사관생도를 선발하지 않으며, 장교에게 요구되는 지적능력을 바탕으로 다음과 같은 포부와 정신자세를 가진 인재를 원함.
  ○ 도전적이고 진취적인 정신을 가진 사람
  ○ 정신적·육체적으로 건강한 사람
  ○ 국가안보와 통일의 주역이 되고자 하는 사람
  ○ 군과 사회의 대표리더가 되고자 하는 사람
  ○ 인생의 목표를 스스로의 힘으로 이루고자 하는 사람
  ○ 국가와 국민을 위해 헌신하고 봉사하려는 사람

6 자주 하는 질의 / 응답

□ 정시 모집은 2학년을 수료해야 지원이 가능합니까? (정시)

- 당해 연도 지원 자격에 명시된 내용과 일치해야 합니다.
- 매년 모집 공고를 참조하시기 바랍니다.

□ 가산점 항목에 대해 궁금합니다. 어떤 식으로 부여되는 겁니까? (정시, 예비 공통)

- 가산점은 무도(태권도, 유도, 검도) 3단 이상 유단자, 외국어(영어, 일어, 중국어, 프랑스어, 스페인어, 아랍어, 베트남어) 우수자, 전산(PCT, 컴퓨터활용능력, 워드프로세스) 자격증 소지자에 한해 1차 선발시 최고 9점까지 부여합니다.
- 가산점 요소 중 같은 항목의 경우에는 가장 점수가 높은 요소 1개만 적용하며, 각기 다른 항목일 경우에는 합산하여 최고 9점까지 부여 받게 됩니다. 예를 들면 태권도 4단, 유도 3단인 경우 동일 무도 관련 항목이므로 무도항목에서 가장 높은 점수인 태권도 4단에 해당되는 가산점만 받습니다. 그러나 태권도 3단, 전산 PCT 650점일 경우는 각기 다른 항목이므로 가산점을 합산하여 부여 받습니다.

※ 남자, 여자 동일기준 적용

□ 학군·학사 후보생, 타군 장교 후보생 등 다른 과정과 중복 지원이 가능합니까? (정시, 예비 공통)

- 타 과정과 본교 생도 지원이 동시에 가능합니다.
- 타 과정 전형에 합격하게 된다면 자기 자신의 자유의사에 따라 선택 가능합니다. 만약 합격을 포기하고자 한다면 자격포기의사를 해당 기관에 통보(예를 들어 ROTC의 경우 해당 대학 학군단, 본교 생도 전형의 경우 본교 평가실)하면 됩니다.
- 동료 지원자에게 추가 합격의 기회를 부여하기 위해서 이러한 자격 포기 절차는 최대한 빨리 해주는 것이 좋습니다.

□ 육사, 3사, 학군, 학사 등 다양한 과정이 있는데 어떻게 복무하게 됩니까?

- 장교과정은 모집인원을 단기, 중·장기적으로 활용하기 위해 군의 계급별 인원 구성 등을 고려여 모집하고 있습니다.
- 단기복무 활용 자원은 2~3년간 군복무를 하게 되며, 소대장 또는 중위급 참모장교로 활용하기 위해 모집하는 과정으로 학군, 학사, 전문사관, 간부사관이 있으며, 복무의 성격상 의무복무자로 볼 수 있습니다.
- 중·장기복무 활용 자원은 6~10년 이상 복무하도록 하는 과정으로 3사와 육사는 여기에 해당되며, 대부분의 인원이 직업군인으로 복무합니다.
- 본교는 육군 정예장교를 양성하는 특수목적을 가진 대학교로 2년 간의 일반학(21개 전공) 및 군사교육을 받게 되면 졸업 시 전공 학위와 군사 학위의 2개 학사학위를 취득함과 동시에 육군 소위로 임관하게 되며, 본인의 희망 여부에 따라 졸업생의 약 7~80%가 직업군인으로 근무하게 됩니다.

□ 사관생도 품위유지비는 얼마입니까? (정시, 예비 공통)

- 매월 3학년은 770,190원, 4학년은 864,690원을 받습니다.

□ 현역(병사, 부사관)으로 복무 중 생도 지원 시 장관급 지휘관 추천서가 반드시 필요합니까? (정시)

- 육군 현역복무지는 해부대 '대대장급 지휘관' 추천서를 첨부해야 지원이 가능하며, 타군은 해당 군 '참모총장'의 추천서가 필요합니다.
- 본인이 지원을 희망하면 육군은 해당부대 대대장급 지휘관 추천서, 타군은 공(해)군 본부에 추천 승인을 건의하고 승인되면 추천서를 육군3사관학교에 기타 구비서류와 같이 제출하면 됩니다.

□ 2차 선발 간 영어, 간부선발도구(지적능력평가)는 어떻게 준비합니까? (정시, 예비 공통)

- 생도선발 전형 중 2차 선발과정에 필기시험이 이루어지며, 과목은 영어 토익(25%)과 지적능력(25%)을 평가합니다.

- 영어토익은 Listening 100문제, Reading 100문제를 평가하며, 시중에서 관련 자료(문제집)를 구입할 수 있습니다.
- 간부선발도구 지적능력(언어능력, 자료해석력, 공간능력, 지각속도) 또한 시중에서 자료(문제집)를 구입할 수 있습니다.

□ 외국대학에 재학 중인데 지원시 준비사항은 무엇입니까? (정시, 예비 공통)

- 모집요강에 명시된 구비서류 외 외국고교 / 대학졸업(수료)자는 해당국주재 대사관 공인인증을 받은 후 제출합니다.
- 외국대학 졸업(수료)자는 해당대학이 학력을 인정받는 대학인지 확인해야 합니다. 즉, 학력이 미인증되는 대학이면 최종합격을 해도 입교를 못합니다.

□ 군장학생인데 지원이 가능합니까? 이때 장학금 변상은 어떻게 됩니까? (정시, 예비 공통)

- 군장학생도 지원이 가능합니다. 다만 군장학생에서 선발된 자는 장학금을 반납해야 합니다(포기 후 6개월까지).

□ 학점은행제 지원시 다른 점은 무엇입니까? (정시, 예비 공통)

- 학점은행제도 동일하게 교육부에서 인정하는 학력으로서 타 대학 재학 중 자퇴하고 부족한 학점을 채우는 방법뿐만 아니라 고교 졸업 이후 곧바로 학점은행제를 통하여 전문학사(80학점) 자격을 취득하면 지원이 가능합니다.
- 다만, 학점은행제의 경우 학년 구분이 없는 관계로 인하여 당해 연도 생도선발에 지원 후 합격 시 그 다음해 본교 등록 시까지 학점은행제를 통해 전문학사 자격을 취득할 수 있는(최소 80학점 이상 취득) 기준을 만족해야 합니다.

□ 정시생도 지원시 대학 1학년 성적만 반영이 되는데 2학년 성적은 어떻게 됩니까? (정시)

- 현재 2학년의 경우는 지원서 접수시기(4. 27~5. 31)를 고려하여 대학 1학년 성적만 반영됩니다. 단, 3·4학년 재학생의 경우 2·3학년 성적까지 평가합니다.

- 2학년의 경우 유의해야 할 사항은 선발 시에는 1학년 성적만 반영이 되지만 최종합격 후 본교 입교 시에는 해당전수대학의 학칙에 규정된 2학년 수료 및 졸업학점을 충족해야만 입학자격이 인정됩니다.

□ 입교 전 계절 학기에 이수한 학점도 인정됩니까? (정시, 예비 공통)

- 계절 학기에 이수한 학점도 생도선발시 인정이 됩니다.
- 정규학기에 해당대학 학칙에 따른 규정된 학점을 이수하지 못한 경우에는 계절 학기를 신청하여 규정학점을 추가로 이수해야 하며, 계절학기는 최종선발이 완료되는 다음 년도 1월 말 이전에 이수를 완료해야 합니다. 즉, 가입교 시기와 중복되어 수강이 제한되지 않는다면 다음 년도 겨울 계절학기 수강학점도 인정됩니다.

□ 체육 특기자인데 특별전형은 없습니까? (정시, 예비 공통)

- 모든 생도 지원자들은 동일한 선발절차를 통하여 선발됩니다. 체육 특기자에 대한 특별전형은 없으니 양해 바랍니다.

□ 사관생도로 최종 합격 후 전수대학의 학적은 어떻게 해야 합니까? (정시, 예비 공통)

- 전수대학의 학적은 본교 사관생도 가입교 과정(5주)을 마치고 정입교 한 이후에 자퇴처리를 해야 합니다.

□ 현역 복무 중 지원자 혹은 전역자에 대한 가산점이나 지원 가능 연령 연장 등의 특전이 있습니까? 또한 현역 복무기간은 어떻게 처리됩니까? (정시, 예비 공통)

- 현역복무자에 대해 입시 과정에 가산점이나 전역자에 대한 지원 가능 연령 연장 등의 혜택은 없으나, 면접 시 참고사항이 됩니다.

- 현역 복무 중 합격자는 1월 가입교 전까지 현 소속부대에서 계속 복무를 하다가 가입교와 동시에 본교로 소속이 변경됩니다. 또한 2년간의 교육과정을 마치고 육군 소위로 임관하면 병(부사관) 의무 복무는 자동 소멸됩니다.

□ 3년제 대학의 경우에도 전문대학과 동일하게 2학년 재학 중에 정시생도 지원이 가능합니까? (정시)

- 교육법에 의하면 3년제 대학은 전문대학입니다. 따라서 3사생도 입학자격이 전문대학 졸업(예정)자이기 때문에 2학년에 재학 중인 자는 졸업(예정)자가 아니므로 입교자격이 미달됩니다.
- 3년제 대학은 졸업하거나 예정자일 경우에만 지원이 가능합니다.
  ※ 다만 2학년일 경우 예비생도로 지원 가능합니다.

□ 예비사관생도 지원 자격은 어떻게 됩니까? (예비)

- 당해 연도 지원 자격에 명시된 내용과 일치해야 합니다.
- 59기 예비생도 지원 자격은
  - 1997. 3. 1~2003. 2. 28 사이 출생한 대한민국 국적을 가진 미혼 남·여(18세~24세)
- 4년제 대학 1학년 재학 중인 자
  ※ 2022년 2월 2학년 수료예정자로 수료일 기준 재학 중인 대학의 2학년 수료학점을 취득한 자
- 2년제 대학 1학년 재학 중인 자 또는 3년제 대학 2학년 재학 중인 자
  ※ 2022년 2월 2·3학년 졸업예정자
- 해외대학교 1학년에 재학 중인 유학생
- 군 인사법 제10조에 의거 장교 임관자격상 결격사유가 없는 자

□ 예비사관생도가 되면 언제 입교하게 됩니까? 그리고 준비사항은 무엇입니까? (예비)

- 2022년 1월에 가입교, 2월에 정입교 됩니다.
- 정입교까지 2·3년제 대학은 졸업을, 4년제 대학은 2학년을 수료하여야 하며, 준비사항으로는 군에서 활용도가 높은 영어, 전산, 무도 능력을 갖추도록 노력하기 바랍니다.

□ 수능시험을 응시하지 않았는데 예비생도 지원이 가능합니까? (예비)

- 대학수학능력평가 미응시자도 지원이 가능합니다.
- 수능성적표를 제출한 지원자의 1차 선발(서류전형)은 고등학교 국어, 영어, 수학 내신 성적과 대학수학능력평가(국어 필수, 영어·수학 중 택1) 성적을 합산하여 고득점자 순으로 선발합니다.
- 수능 미응시자는 1차 선발(서류전형) 간 고등학교 국어, 영어, 수학 내신 성적과 공인 영어(토익, 텝스, 토플) 성적을 합산하여 고득점자 순으로 선발합니다.

□ 현재 1학년 휴학 중인데 복학 후 예비생도 지원이 가능합니까? (예비)

- 예, 지원이 가능합니다.

□ 여자생도 모집인원은 몇 명이며, 예비생도도 선발합니까? (정시, 예비 공통)

- 여생도의 모집정원은 55명이며, 국방부 및 육군의 인력수급계획에 따라 모집인원이 변경될 수 있습니다.
- 여자는 2018년부터 예비생도를 선발하고 있습니다.

□ 군인사법 제10조 장교임용자격상 결격사유란 무엇입니까? (정시, 예비 공통)

- 대한민국의 국적을 가지지 아니한 사람
- 대한민국 국적과 외국 국적을 함께 가지고 있는 사람

- 피성년후견인 또는 피한정후견인
- 파산선고를 받은 사람으로서 복권되지 아니한 사람
- 금고 이상의 형을 선고받고 그 집행이 종료되거나 집행을 받지 아니하기로 확정된 후 5년이 지나지 아니한 사람
- 금고 이상의 형의 집행유예를 선고받고 그 유예기간 중에 있거나 그 유예기간이 종료된 날부터 2년이 지나지 아니한 사람
- 자격정지 이상의 형의 선고유예를 받고 그 유예기간 중에 있는 사람
- 공무원 재직기간 중 직무와 관련하여 형법 제355조 또는 제356조에 규정된 죄를 범한 사람으로서 300만원 이상의 벌금형을 선고받고 그 형이 확정된 후 2년이 지나지 아니한 사람
- 성폭력범죄의 처벌 등에 관한 특례법 제2조에 따른 성폭력범죄로 100만원 이상의 벌금형을 선고받고 그 형이 확정된 후 3년이 지나지 아니한 사람
- 미성년자에 대한 다음 각 목의 어느 하나에 해당하는 죄를 저질러 파면·해임되거나 형 또는 치료감호를 선고받아 그 형 또는 치료감호가 확정된 사람(집행유예를 선고받은 후 그 집행유예 기간이 경과한 사람을 포함한다)
  - 성폭력범죄의 처벌 등에 관한 특례법 제2조에 따른 성폭력 범죄
  - 아동·청소년의 성보호에 관한 법률 제2조 제2호에 따른 아동·청소년 대상 성범죄
- 탄핵이나 징계에 의하여 파면되거나 해임처분을 받은 날부터 5년이 지나지 아니한 사람
- 법원의 판결 또는 다른 법률에 따라 자격이 정지되거나 상실된 사람

□ 경쟁률은 어느 정도입니까? (정시, 예비 공통)

- 입시전략상 경쟁비율은 공개하지 않습니다. 다만 매년 지원율은 상승추세에 있으며, 그렇다고 지원율에 관심을 두기보다는 도전하는 정신을 더욱 굳건히 하고 경쟁우위를 얻기 위한 노력에 힘쓰기를 권고 드립니다.

□ 검정고시생으로 고교생활기록부가 없는데 어떻게 되나요? (정시, 예비 공통)

- 고교 검정고시 통과자의 경우 검정고시 성적표로 고교 내신 성적을 대신합니다.

☐ 선발시 동점자 처리기준은 어떻게 되나요? (정시, 예비 공통)

> • 최종심의(입학사정)위원회에서 결정합니다.

☐ 체력검정은 어떻게 진행되나요? (정시, 예비 공통)

> • 1.5km 달리기는 운동장 트랙을 뛰게 되며, 팔굽혀펴기와 윗몸일으키기는 모두 기구를 사용합니다.
> • 팔굽혀펴기의 경우 가슴에 닿아야 횟수로 인정이 되며, 윗몸일으키기는 양손을 어깨에 교차한 상태로 팔꿈치가 무릎에 닿고 내려갈 땐 팔이 지면에 닿아야 횟수로 인정됩니다(학교 홈페이지 행동요령 영상 참고).

☐ 신체검사는 어떻게 진행되나요? (정시, 예비 공통)

> • 신체검사는 본교에서 진행하지 않고 국군대구병원에서 실시하며, 본교에서는 결과만 통보받아 처리합니다. 신체검사에 관한 건은 국군대구병원 건강검진과로 문의하시기 바랍니다.

☐ 시력이 좋지 않은데(최근 라식수술) 시력에 대한 기준은 어떻게 됩니까? (정시, 예비 공통)

> • 시력은 교정시력 0.7 이상이면 되며, 국군대구병원 군의관에 의해 세부적으로 검진을 실시한 후, 검진결과에 따라 합격이 결정되겠습니다.

☐ 색약인데 지원할 수 있나요 ? (정시, 예비 공통)

> • 색상을 인식하지 못하는 경우에는 장교로서 임무수행에 제한이 있어 결격사유가 되나 색약자인 경우에는 지원에 문제가 없습니다.

□ B형 간염 보균자는 신체검사에서 합격할 수 없나요? (정시, 예비 공통)

- 생도 선발시 신체검사 합격기준은 신체검사 3급 이상이 되어야 합니다.
- B형 간염보균자의 경우 검사결과 비활성성이면 신체검사 3급을 판정 받아 가능하나 활동성일 경우에는 전염성으로 타인에게 전염시킬 우려가 있기 때문에 4급으로 불합격입니다.

□ 고등학교 재학시절 폭력전과로 집행유예를 받았는데 선발에 영향을 주나요? (정시, 예비 공통)

- 집행유예를 받았다면 군인사법 10조에 저촉되거나 유사한 내용으로 간주되어 선발에 영향을 줄 수도 있으며, 이런 내용은 관계기관에서 조회를 하고 심의를 한 후에 결정되기 때문에 결과를 통보 받아 적용만 하는 입장에서는 답변하기엔 곤란한 내용입니다.

□ 부모님 중 범법자가 있는데 선발시 불이익은 없나요? (정시, 예비 공통)

- 부모님의 범죄 사실은 본인의 생도선발에 영향을 주지 않습니다.
- 본인에게 범법사실이 있는 경우에만 영향을 줄 수 있습니다.

□ 비선자에 대해서 탈락사유를 알려주나요? (정시, 예비 공통)

- 선발에서 불합격한 사람은 입시정보 비공개 원칙에 의거 불합격한 사유를 공개하지 않으니 이점 이해바랍니다.

□ 육군3사관학교에 합격 후 미입교시 문제가 됩니까? (정시, 예비 공통)

- 징집이 아닌 본인의 의사에 의해 지원하였기에 미입교시 문제는 되지 않으나, 합격 후 미등록 하는 것은 육군3사관학교에 입교하고자 하는 타지원자에게 피해를 줄 수 있으므로 정해진 기일 내에 꼭 연락을 해야 합니다.

□ 예비사관생도 합격자에 대한 교육이 있습니까? (예비)

- 연 1회 1박 2일간 소집 교육이 있습니다.
- 소집교육은 2월 중순 선배생도 입학식과 연계하여 교육이 진행됩니다.
- 학과 '가'편성 및 지도교수 선정, 전반적인 학교 생활 지도 등 사전 준비된 생도로 입교하도록 관리를 해주고 있기 때문에 정시생도에 비하여 유리한 점이 많습니다.

□ 전수대학 성적은 3사교 졸업성적에 영향을 미치나요?

- 졸업성적에 영향을 미치지 않습니다.
- 다만, 졸업 후 대학원 진학 시에는 전수대학 성적이 참고자료로 사용될 수 있습니다.

□ 생도생활 간 휴대폰 사용은 가능합니까?

- 가능합니다. 단, 가입교 기간(1~2월)은 불가하며, 정식 입교 후부터는 사용 가능합니다.

□ 해외문화탐방을 한다고 들었는데 사실입니까?

- 해외문화탐방(해외견학)은 세계화의 안목을 넓힐 수 있도록 하기 위해 여름방학 기간 중 실시되며 미국, 유럽은 일부 국비지원, 중국, 일본, 베트남은 전액 국가지원으로 실시하고 있습니다.

□ 휴학제도는 무엇입니까?

- 신체적 조건으로 수학이 불가능할 경우 1년 이내의 휴학을 할 수 있으며, 완치 후에는 휴학시 학년으로 복학하여 생도생활을 계속 할 수 있는 제도입니다.

□ 사관생도들도 휴가를 나갑니까?

> • 하계(2주), 동계(2주)로 구분하여 나갑니다. 그리고 생도생활 간 외출, 외박제
> 도가 있어 학년별 당해 연도 규정에 의해 시행되고 있습니다.

□ 군인의 급여 수준은 어느 정도입니까?

> • 군인의 봉급수준은 각종 수당을 포함하여 2019년 기준으로 소위 연봉은
> 2,700여 만원, 중위 연봉은 3,200여 만원, 대위(임관 4년 후) 연봉은 4,400
> 여 만원입니다. 이러한 봉급 수준은 사회의 일반직장에 비하여 결코 낮은 것이
> 아니며 군에서 아파트를 제공하기 때문에 저축할 수 있는 여유도 있습니다.

□ 영어교육은 어떻게 하는지 궁금합니다.

> • 영어교육의 목표는 외국인과 자유자재로 대화를 할 수 있고 외국군과 연합작
> 전 수행이 가능한 수준에 도달할 수 있도록 교육을 하고 있으며, 3학년 1학
> 기부터 외국인 강사에 의해 회화교육을 실시하고, 4학년이 되면 군사관련 영
> 어를 포함하여 교육하고 있습니다. 특히, 최첨단 어학실을 구비하여 자유롭게
> 활용할 수 있도록 하였습니다.

□ 의무복무기간은 얼마나 되나요?

> • 임관 후 의무복무기간은 6년이고, 이후 본인의 선택에 따라 장기 및 복무연장을 지
> 원 할 수 있으며, 장기복무에 임명되었을 경우에는 직업군인으로 생활할 수 있습니
> 다. 본교출신으로서 선배님들의 장기복무 신청 합격률은 매년 70~80%입니다.

□ 3사관학교 개설학과와 현재 재학 중인 대학의 학과와 동일한 학과를 지원
해야 되나요?

> • 모집요강에 명시된 학과와 무관하게 지원이 가능합니다.
> • 전공학과 분류는 가입교 기간 중 본인의 의사와 전적대학 전공, 입학 성적을
> 고려하여 분류합니다.

□ 입교 후 질병으로 인하여 교육이 불가시는 어떻게 처리하나요?

- 교육 중 질병 발생 시 군의관의 진단결과에 따라 가입원, 입원, 외진, 후송 등의 조치를 받을 수 있으며, 장기간의 치료와 휴양이 필요한 경우에는 휴학을 할 수 있습니다.

□ 복수전공이 가능한지와 3사 교수요원 선발시 생도출신자에 우대가 있나요?

- 생도로 입교시 군사학사와 전공분야 학사로 필수적으로 복수전공을 실시하며, 3사 교수요원 선발시 출신 구분 없이 공정하게 선발합니다.

□ 생도생활 중에 일이 생겼을 경우 밖에 나갈 수 있나요?

- 생도생활 중 부모 또는 부모의 직계존속 사망, 부모 또는 보호자가 위독하다는 사실이 통지되었을 경우에는 규정에 의거 청원휴가가 실시됩니다.

저자약력

김장흠
육군3사관학교 16기 졸업
예)육군대령
한성대학교 대학원 졸업(정책학 박사)
前 영남대학교 군사학과 교수
前 대덕대학교 군사학부장 및 교수
現 대덕대학교 3사커리어개발센터장
現 대덕대학교 군사학부 학과장 및 교수

주요저서
『국가와 군대윤리』(박영사)
『해외파병총서』(국방부)
<해외파병 국방정책 결정에 관한 연구>, 한국조직학회
<한국군 전차에 관한 고찰>, 육군군사연구소

육군3사관학교 최종합격: 면접으로 뒤집기

초판발행   2021년 6월 20일

지은이   김장흠
펴낸이   안종만·안상준

편 집   이승현
기획/마케팅   정연환
표지디자인   Benstory
제 작   고철민·조영환

펴낸곳   (주) **박영사**
             서울특별시 금천구 가산디지털2로 53, 210호(가산동, 한라시그마밸리)
             등록 1959. 3. 11. 제300-1959-1호(倫)

전 화   02)733-6771
f a x   02)736-4818
e-mail   pys@pybook.co.kr
homepage   www.pybook.co.kr
ISBN   979-11-303-1344-3   13390

copyright©김장흠, 2021, Printed in Korea

정 가   10,500원